Skirt

프로 에게 자 사용법으로
쉽게 배우는

Hipbone Yoke Skirt.. From Pleat Skirt.. Tight Skirt.. 8 Piece Gored Skirt.. Semiflare Skirt.. Semitight Skirt.. Beltless Miniskirt.. Gather Skirt.. Semicircular Skirt..

스커트 제도법

정혜민·임병렬 공저

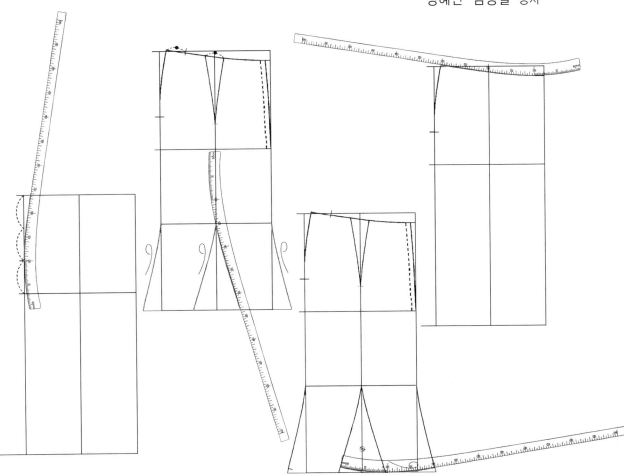

전원문화사

● 머리말 ●

오늘날 패션 산업은 인간의 생활 전체를 대상으로 커다란 변화를 가져오게 되었다. 특히 의류에 관한 직업에 종사하는 직업인이나 학습을 하고 있는 학생들에게 있어서, 의복제작에 관한 전문적인 지식과 기술을 습득하는 것은 매우 중요한 일이다.

본서는 '이제창작디자인연구소'가 졸업 후 산업현장에서 바로 적응할 수 있도록 패턴제작과 봉제에 관한 교재 개발을 목적으로, 패션업계에서 50여 년간 종사해 오시면서 많은 제자들을 육성해 내신 임병렬 선생님과 함께 실제 패션 산업현장에서 이루어지고 있는 제도와 봉제 방법에 있어서 패턴에 대한 교육을 전혀 받아 본 적도, 전혀 옷을 만들어 본 경험이 없는 초보자라도 단계별로 색을 넣어 실제 자를 얹어 놓은 그림 및 컬러 사진을 보아 가면서 쉽게 따라 할 수 있도록 구성한 10권의 책자(스커트 제도법, 팬츠 제도법, 블라우스 제도법, 원피스 제도법, 재킷 제도법과 스커트 만들기, 팬츠 만들기, 블라우스 만들기, 원피스 만들기, 재킷 만들기) 중 스커트 제도법 부분을 소개한 것이다.

강의실에서 학생들에게 패턴을 제도하는 방법과 봉제 방법을 가르치면서 경험한 바에 의하면 설명을 들은 방법대로 학생들이 완성한 패턴이 각자 다르고, 가봉 후 수정할 부분이 많이 생기게 된다는 것이었다. 이 문제점을 해결할 방법은 없을까 오랜 기간 고민하면서 체형별 차이를 비교하고 검토한 결과 자를 어떻게 사용하는가에 따라 패턴의 완성도에 많은 차이가 생기게 된다는 것을 알게 되었다. 그래서 자를 대는 위치를 정한 다음 체형별로 여러 패턴을 제도해 보고 교육해 본 체험을 통해서 본서를 저술하게 되었다.

단계별로 색을 넣어 실제 자를 얹어 가면서 그림으로 설명하고 있어 초보자도 쉽게 이해할 수 있도록 구성하였으며, 또한 본서의 내용은 www.jaebong.com 또는 www.jaebong.co.kr에서 제도하는 과정을 동영상과 포토샵 그림으로 볼 수 있도록 되어 있다.

제도에서 봉제까지 옷이 만들어지는 과정에 있어서 기본적인 지식이나 기술을 습득하고, 자기 능력 개발에 도움이 되었으면 하는 바람에서 미흡한 면이 많은 줄 알지만 시간을 거듭하면서 수정 보완해 나가기로 하고 감히 출간에 착수하였다. 보다 알찬 내용의 책이 될 수 있도록 많은 관심과 지도 편달을 경청하고자 한다.

끝으로 동영상 제작에 도움을 주신 영남대학교 한성수 교수님을 비롯하여 섬유의류정보센터의 권오현, 배한조, 우일훈 연구원님과, 함께 밤을 새워 가면서 동영상 편집을 해 주신 이재은 씨, 출판에 협조해 주신 전원문화사의 김철영 사장님을 비롯하여 이희정 실장님, 편집에 너무 고생하신 김미경 실장님, 최윤정 씨에게 깊은 감사의 뜻을 표합니다.

또한 원고에만 신경 쓸 수 있도록 가정적인 일에 도움을 주신 어머니, 불평 한 마디 없이 격려해 주는 남편과 가족들에게 이 책을 바칩니다.

2003년 9월 　정 혜 민

Skirt

제도를 시작하기 전에..

■ 제도 시 계측한 치수와 제도하기 위해 산출해 놓는 치수를 패턴지에 기입해 놓고 제도하기 시작한다.

■ 여기서 사용한 치수는 참고 치수가 아닌 실제 착용자의 주문 치수를 사용하고 있다.

■ 여기서는 각 축소의 눈금이 들어 있는 제도 각자와 이제창작디자인연구소의 AH자를 사용하여 설명하고 있으므로, 일반 자를 사용할 경우에는 제도 치수 구하기 표의 오른쪽 제도 치수를 참고로 한다.

■ 제도 도중에 ⌒ 모양의 기호는 hip곡자의 방향 표시를 나타낸 것이다.

■ 허리선과 히프선에 계측 치수를 그대로 사용하여 여유분이 들어가 있지 않으나 이것은 계측 시 줄자를 잡기 위해 손가락 하나가 안쪽으로 들어가게 되므로 그것이 여유분으로 추가되어 있기 때문이다.

■ 설명을 읽지 않고도 빨간색 선만 따라가다 보면 스커트의 패턴이 완성된다.

■ 또한 반드시 책에 있는 순서대로 제도해야 하는 것은 아니고, 바로 전에 그린 선과 가까운 곳의 선부터 그려도 상관없다. 기본적인 것을 암기 방식이 아닌 어느 정도의 곡선으로 그려지는 것인가를 감각적으로 느끼고 이해하는 것이 중요하며, 몇 가지 제도를 하다 보면 디자인이 다른 패턴도 쉽게 응용하여 제도할 수 있게 될 것이다.

■ 여기서 사용하고 있는 자들은 www.jaebong.com 또는 www.jaebong.co.kr로 접속하여 주문할 수 있다.

C.O.N.T.E.N.T.S.

머리말 3

제도를 시작하기 전에 4

제도 기호 8

스커트의 기능성 10

1. 타이트 스커트 I Tight Skirt 14

2. 세미타이트 스커트 I Semitight Skirt 36

3. 골반 요크 스커트 I Hipbone Yoke Skirt 59

4. 8쪽 고어드 스커트 I 8 Piece Gored Skirt 86

5. 세미플레어 스커트 I Semiflare Skirt 114

6. 180도 플레어 스커트 I Semicircular Skirt 132

7. 앞 주름 스커트 I Front Pleat Skirt 142

8. 요크 개더 스커트 I Yoke Gather Skirt 162

9. 랩 스커트 I Wrap Skirt 189

10. 노벨트 미니스커트 I Beltless Miniskirt 212

..... Skirt

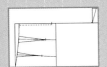

Tight Skirt...

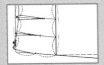

Semitight Skirt...

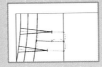

Hipbone Yoke Skirt...

8 Piece Gored Skirt...

Semiflare Skirt...

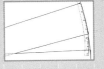

Semicircular Skirt...

Front Pleat Skirt...

Yoke Gather Skirt...

Wrap Skirt...

Beltless Miniskirt...

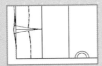

제도 기호

●완성선

굵은 선. 이 위치가 완성 실루엣이 된다.

●안내선

짧은 선. 원형의 선을 가리킴. 완성선을 그리기 위한 안내선. 점선은 같은 위치를 연결하는 선.

●안단선

안단의 폭이 앞 여밈단으로부터 선의 위치까지라는 것을 가리킨다.

●골선

조금 긴 파선. 천을 접어 그 접은 곳에 패턴을 맞추어서 배치하라는 표시.

●꺾임선, 주름산 선

짧은 중간 굵기의 파선. 칼라의 꺾임선, 팬츠의 주름산 선.

●식서 방향(천의 세로 방향)

천을 재단할 때 이 화살표 방향에 천의 세로 방향이 통하게 한다.

외주름　겉 핀턱　안 핀턱　맞주름　턱

●플리츠, 턱의 표시

플리츠나 턱으로 되는 것의 접히는 부분을 가리키는 것으로, 사선이 위를 향하고 있는 쪽이 위로 오게 접는다.

●단춧구멍 표시

단춧구멍을 뚫는 위치를 가리킨다.

●오그림 표시

봉제할 때 이 위치를 오그리라는 표시.

●직각의 표시

자를 대어 정확히 그린다.

●접어서 절개

패턴의 실선 부분을 자르고, 파선 부분을 접어 그 반전된 것을 벌린다.

● **절개**

패턴을 절개하여 숫자의 분량만큼 잘라서 벌린다.

● **절개**

화살표 끝의 위치를 고정시키고 숫자의 분량만큼 잘라서 벌린다.

● **등분선**

등분한 위치의 표시.

● **털의 방향**

코르덴이나 모피 등 털이 있는 것을 재단할 때 화살표 방향에 털 방향을 맞춘다.

● **서로 마주 대는 표시**

따로 제도한 패턴을 서로 마주 대어 한 장의 패턴으로 하라는 표시. 위치에 따라 골선으로 사용하는 경우도 있다.

● **단추 표시**

단추 다는 위치를 가리킨다.

● **늘림 표시**

봉제할 때 이 위치를 늘려 주라는 표시.

● **개더 표시**

개더 잡을 위치의 표시.

● **다트 표시**

● **지퍼 끝 표시**

지퍼 달림이 끝나는 위치.

● **봉제 끝 위치**

박기를 끝내는 위치.

스커트의 기능성

　　스커트(Skirt)란 영어이고, 프랑스어로는 쥬프(Jupe)라 하며 우리말로는 치마라고 하는 것으로, 여성의 하반신을 감싸는 의복이다. 일상생활에서 볼수 있는 하지의 움직임을 보면 그림 1에서 보는 바와 같이 의자에 앉거나 다리를 꼬는 동작, 걷거나 달리거나 계단을 오르내리는 등의 동작이 대부분이다. 이러한 동작에 의한 허리나 엉덩이의 치수 변화, 스커트 길이에 따라 보행에 지장이 없는 필요한 스커트 단 폭의 치수 등 하지의 움직임을 방해하지 않는 형태를 고려하여 스커트를 디자인하고 제작하지 않으면 안 된다.

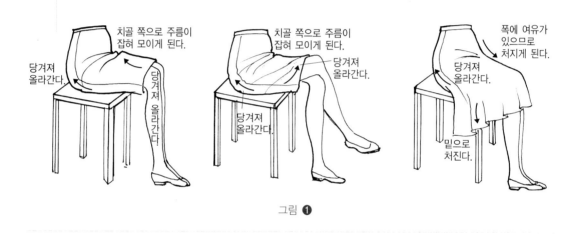

그림 ❶

● 스커트의 허리 부분 형태에 의한 명칭과 길이의 명칭

그림 ❷

용어 해설

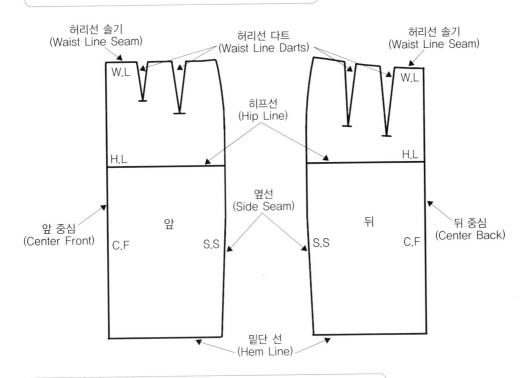

허리선 솔기
(Waist Line Seam)

허리선 다트
(Waist Line Darts)

허리선 솔기
(Waist Line Seam)

히프선
(Hip Line)

W.L

W.L

H.L

H.L

옆선
(Side Seam)

앞 중심
(Center Front)

앞

뒤

뒤 중심
(Center Back)

C.F

S.S

S.S

C.F

밑단 선
(Hem Line)

성인 여성의 스커트 참고 치수표

단위 : cm

부위	호칭 참고 회사	54	65	66	67
허리 둘레(W)	A사	66	70	75	80
	B사	65	69	73	77
	C사	65	69	73	77
엉덩이 둘레(H)	A사	93	97	102	107
	B사	90	94	98	102
	C사	91	95	99	103
스커트 길이	A사	45.5	46.1	46.8	47.5
	B사	45	46	47	48
	C사	52	52.6	53.2	53.8

여기서는 계측 치수가 아닌 3개 회사의 제품 치수를 참고 치수로 기입해 두고 있으므로,
각자의 계측 치수와 비교해 보고 참고로만 한다.

올바른 계측 ····⟶

　피 계측자의 계측 시 속옷은 타이즈, 팬츠용 거들 등을 착용하고 허리에 가는 벨트를 묶은 다음, 디자인에 적합한 높이의 구두를 신는다.
　계측자는 피 계측자의 정면 옆이나 측면에 서서 줄자가 정확하게 인체 표면에 닿아 있는지를 확인하면서 계측한다.

계측 부위와 계측

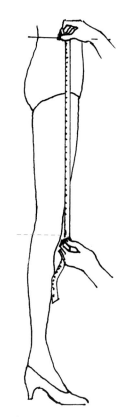

● **허리 둘레**
　벨트를 조였을 때 가장 자연스런 위치의 허리 둘레 치수를 잰다. 이때 줄자를 잡기 위해 손가락 하나가 줄자 안쪽으로 들어가게 된다. 그대로 돌려보아 여유가 있는지 확인한다.

● **엉덩이 둘레**
　너무 조이지 않도록 주의하여 엉덩이의 가장 굵은 부분을 수평으로 잰다. 단, 대퇴부가 튀어나와 있거나 배가 나와 있는 체형은 셀로판지나 종이를 대어 보고 그 치수가 큰 쪽을 엉덩이 둘레의 치수로 한다.

● **엉덩이 길이** (a~b)
　허리선에서 엉덩이 둘레 선(엉덩이 부분 돌출점의 수평선)까지의 길이를 잰다.

● **스커트 길이**
　오른쪽 옆 허리선에서 무릎선까지의 길이를 잰다. 이 치수를 기준으로 하고, 디자인에 맞추어 증감한다.

Tight Skirt...

Semitight Skirt...

Hipbone Yoke Skirt...

8 Piece Gored Skirt...

Semiflare Skirt...

Semicircular Skirt...

Front Pleat Skirt...

Yoke Gather Skirt...

Wrap Skirt...

Beltless Miniskirt...

타이트 스커트 Tight Skirt...

 스타일 ●●● 타이트 스커트는 몸에 꼭 맞는다는 의미로, 허리에서 히프 부분까지는 꼭 맞고 옆선이 히프 선에서 밑단을 향해 직선인 실루엣의 스커트를 말한다. 연령에 상관없이 누구나 착용할 수 있을 만큼 착용 범위가 넓은 스커트이다.

스커트 길이는 유행이나 취향에 따라 정하면 되지만, 길이에 따라서 보행을 위한 운동량이 부족하기 때문에 뒤 중심의 단 쪽에 트임을 만들어 주면 보행에 지장이 없다.

소재 ●●● 여유분이 적은 스커트이기 때문에 천에 걸리는 부담이 크므로 촘촘하게 짜여진 탄력성 있는 천이 적합하다. 울 소재라면 플라노, 개버딘, 서지, 더블 조젯, 색서니, 트위드 등을 선택하는 것이 좋고, 면 소재라면 데님, 피케, 코듀로이, 면 개버딘을 선택하는 것이 좋다.

또한 천은 무지뿐만이 아니라 체크나 프린트 무늬 등을 사용해도 좋으며, 계절이나 용도에 맞추어서 마 소재나 화섬 등도 많이 사용되고 있다.

Tight Skirt
타이트 스커트의 제도 순서

제도 치수 구하기 ···▷

계측 치수		제도 각자 사용 시의 제도 치수	일반 자 사용 시의 제도 치수
허리 둘레(W)	68cm	W° = 34	W / 4 = 17
엉덩이 둘레(H)	94cm	H° = 47	H / 4 = 23.5
스커트 길이	53cm (벨트 제외)	53cm	

뒤 스커트 제도하기 ···▷

1. 기초선을 그린다.

01 직각자를 대고 뒤 중심선을 그린 다음 직각으로 밑단 선을 그린다.

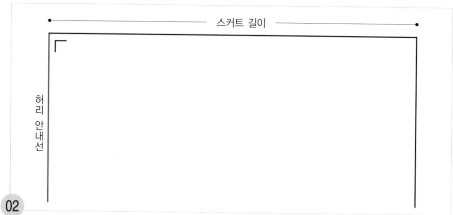

02 밑단 쪽 뒤 중심선 끝에서 뒤 중심선을 따라 스커트 길이를 재어 표시하고 직각으로 허리 안내선을 그린다.

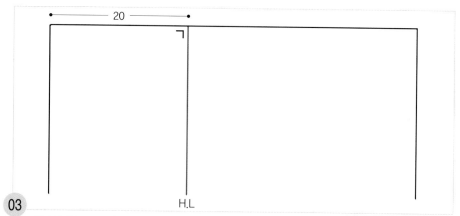

03 허리선 쪽 뒤 중심선 끝에서 20cm 밑단 쪽으로 나가 표시하고 직각으로 히프선을 그린다.

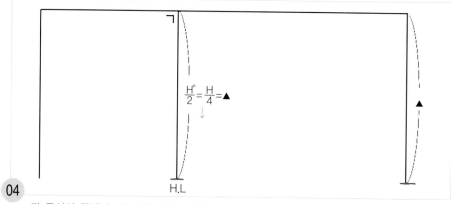

04 뒤 중심선 쪽에서 히프선을 따라 $H°/2=H/4$ 치수를 내려와 히프선 끝점을 표시하고, 같은 치수를 밑단 선 쪽에도 표시한다.

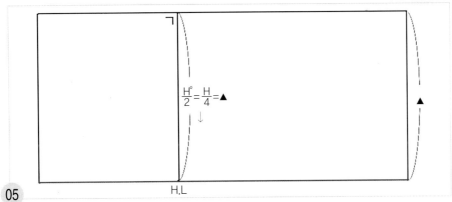

05 $\frac{H°}{2}=\frac{H}{4}$ 치수를 내려와 표시한 두 점을 직선자로 연결하여 옆선을 그린다.

2. 히프선 위쪽 옆선의 완성선을 그린다.

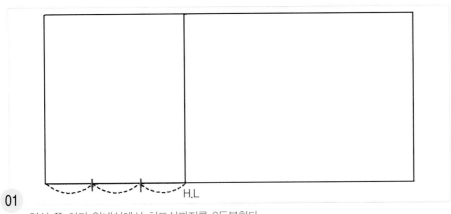

01 옆선 쪽 허리 안내선에서 히프선까지를 3등분한다.

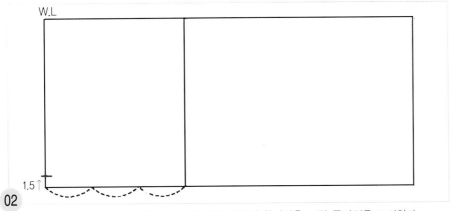

02 옆선 쪽 허리 안내선 끝에서 1.5cm 올라가 옆선의 완성선을 그릴 통과점을 표시한다.

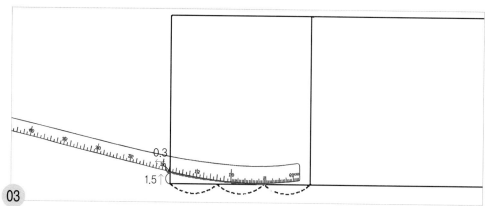

03 허리선에서 히프선까지의 2/3 지점에 hip곡자 5 근처의 위치를 맞추면서 1.5cm 올라가 표시한 점과 연결하여 히프선 위쪽 옆선의 완성선을 허리선에서 0.3cm 추가하여 그린다.

3. 허리 완성선을 그리고 다트를 그린다.

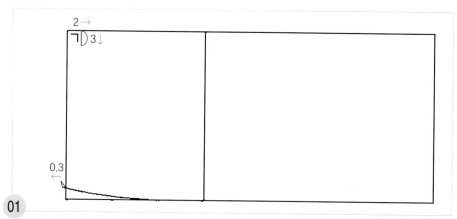

01 뒤 중심 쪽 허리 안내선 끝에서 2cm 밑단 쪽으로 나가 직각으로 3cm 뒤 허리 완성선을 내려 그린다.

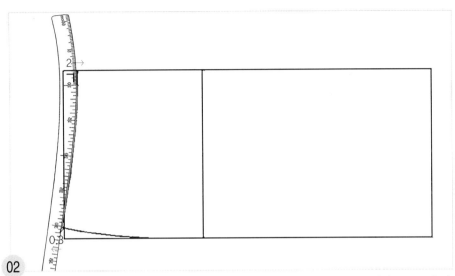

02
직각으로 3cm 내려 그린 허리선 끝점에 hip곡자 10 근처의 위치를 맞추면서 0.3cm 추가
하여 그린 옆선의 끝점과 연결하여 허리 완성선을 그린다.

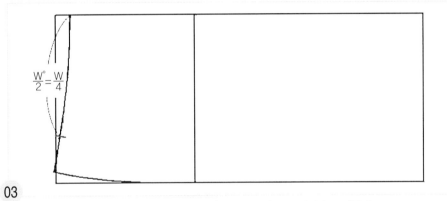

03
뒤 중심선 쪽에서 허리 완성선을 따라 $W°/2=W/4$ 치수를 내려와 표시한다.

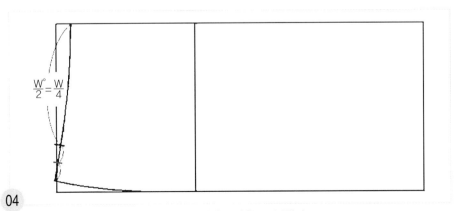

04
$W°/2=W/4$ 치수를 제하고 남은 허리선의 분량을 2등분한다.

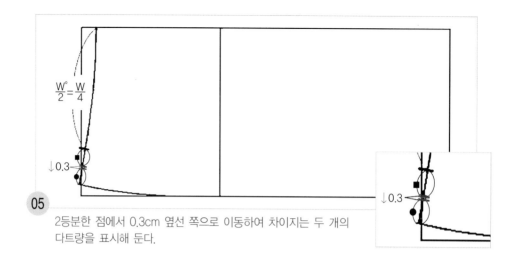

$$\frac{W°}{2} = \frac{W}{4}$$

↓0.3

↓0.3

05 2등분한 점에서 0.3cm 옆선 쪽으로 이동하여 차이지는 두 개의 다트량을 표시해 둔다.

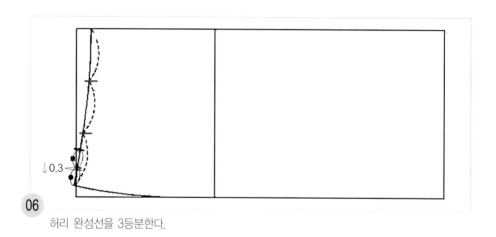

↓0.3

06 허리 완성선을 3등분한다.

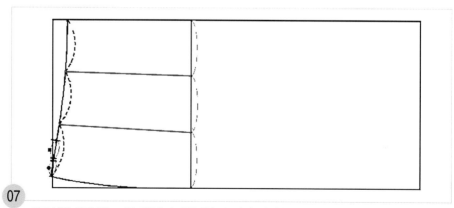

07 히프선을 3등분하고 허리선에서 3등분한 1/3점과 직선자로 연결하여 다트 중심선을 그린다.

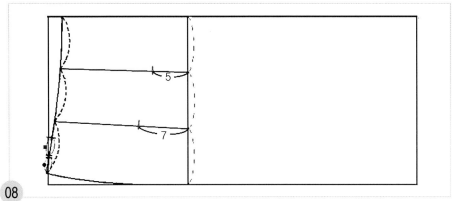

08

히프선에서 뒤 중심 쪽 다트는 5cm, 옆선 쪽 다트는 7cm 허리선 쪽으로 올라가 다트 끝점을 표시한다.

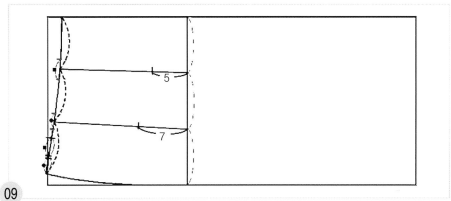

09

다트량이 많은 것(■)을 뒤 중심 쪽 다트 중심선에서 다트량의 1/2씩 위아래로 나누어 표시하고, 다트량이 적은 것(●)을 옆선 쪽 다트 중심선에서 다트량의 1/2씩 위아래로 나누어 허리선 쪽 다트 위치를 표시한다.

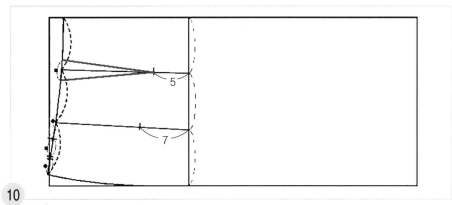

10

뒤 중심 쪽 다트는 다트 끝점과 직선자로 연결하여 다트 완성선을 그린다.

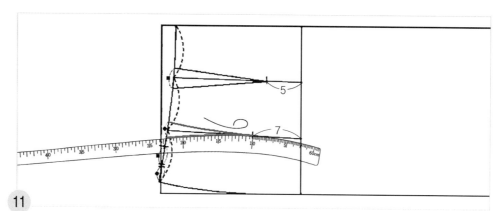

11

옆선 쪽 다트는 hip곡자가 다트 끝점에서 1cm 다트 중심선에 닿으면서 허리선 쪽 다트 위치와 연결되는 곡선을 찾아 맞추고 다트 완성선을 그린다.

4. 히프선 아래쪽 옆선의 완성선을 그린다.

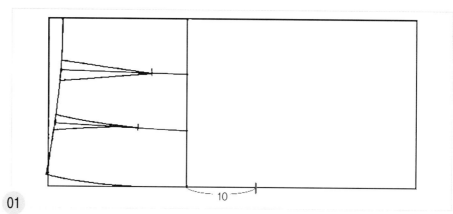

01

옆선 쪽 히프선에서 밑단 쪽으로 10cm 나가 표시한다.

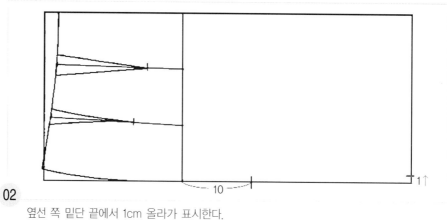

02

옆선 쪽 밑단 끝에서 1cm 올라가 표시한다.

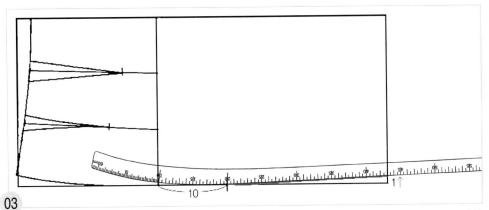

03

10cm 내려가 표시한 점에 hip곡자 20 근처의 위치를 맞추면서 밑단 쪽에서 1cm 올라가 표시한 점과 연결하여 히프선 아래쪽 옆선의 완성선을 그린다.

5. 벤츠를 그린다.

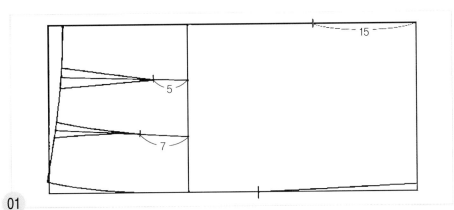

01

뒤 중심 쪽 밑단 선 끝에서 뒤 중심선을 따라 15cm 허리선 쪽으로 올라가 벤츠 트임 끝점을 표시한다.

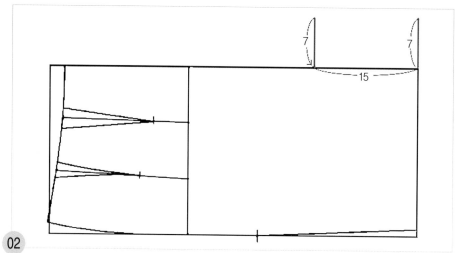

02

15cm 올라가 표시한 곳에서 직각으로 7cm 위쪽으로 벤츠 안단 폭 선을 그린 다음, 밑단 쪽도 7cm 올려 그린다.

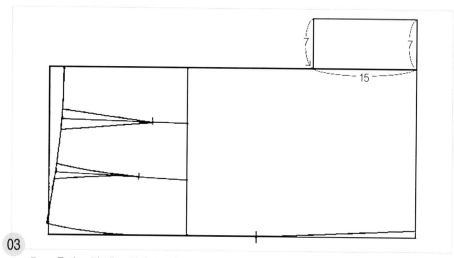

03

7cm 올려 그린 벤츠 안단 폭 선 두 점을 직선자로 연결하여 벤츠 안단분 선을 그린다.

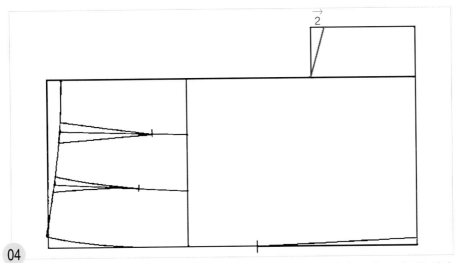

04 벤츠 트임 끝쪽의 벤츠 안단선 끝에서 2cm 밑단 쪽으로 나가 표시하고, 벤츠 트임 끝 위치
와 직선자로 연결하여 벤츠 트임 끝쪽 안단 폭 선을 수정한다.

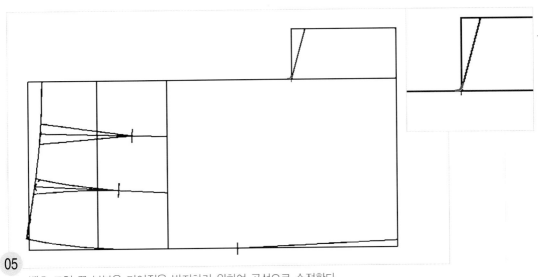

05 벤츠 트임 끝 부분은 미어짐을 방지하기 위하여 곡선으로 수정한다.

6. 지퍼 트임 끝 표시를 하고 스티치 선을 그린다.

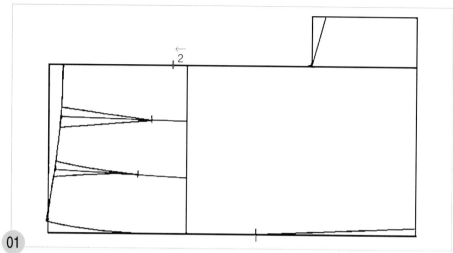

01 뒤 중심 쪽 히프선에서 2cm 허리선 쪽으로 올라가 지퍼 트임 끝 위치를 표시한다.

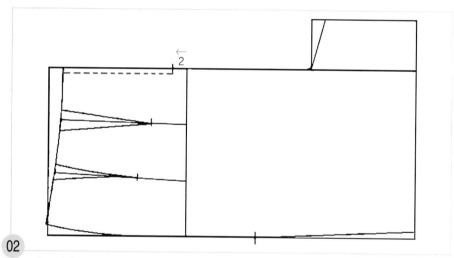

02 뒤 중심선에서 1cm 폭으로 뒤 허리 완성선에서 지퍼 트임 끝 위치까지 스티치 선을 그린다.

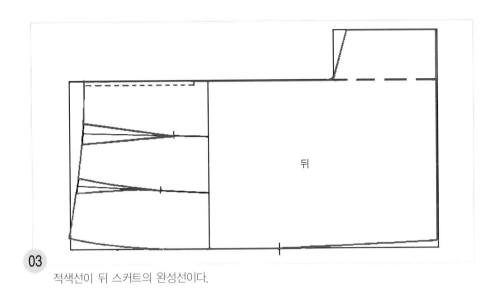

03 적색선이 뒤 스커트의 완성선이다.

앞 스커트 제도하기 ◦◦◦

1. 기초선을 그린다.

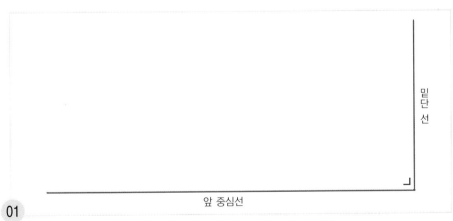

밑단선

앞 중심선

01 직각자를 대고 앞 중심선을 그린 다음, 직각으로 밑단 선을 그린다.

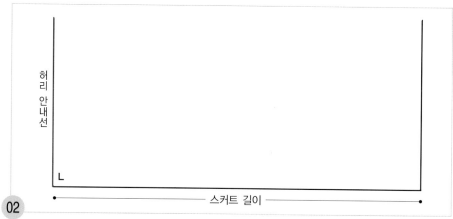

02 밑단 쪽 앞 중심선 끝에서 스커트 길이를 재어 표시하고 직각으로 허리 안내선을 그린다.

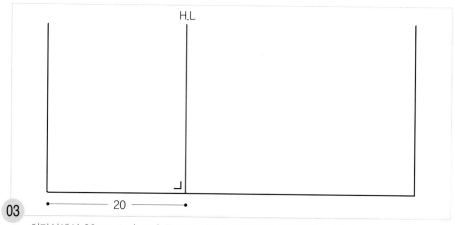

03 허리선에서 20cm 스커트 단 쪽으로 내려가 직각으로 히프선을 그린다.

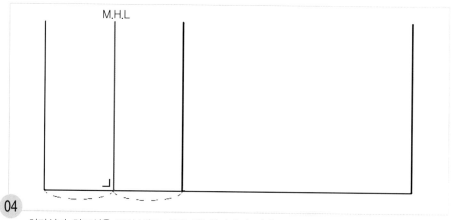

04 허리선과 히프선을 2등분하고, 2등분한 위치에서 직각으로 중 히프선을 그린다.

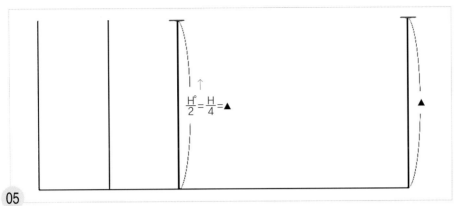

05

앞 중심 쪽에서 히프선을 따라 H°/2=H/4 치수를 올라가 히프선 끝점을 표시하고, 같은 치수를 밑단 선 쪽에도 표시한다.

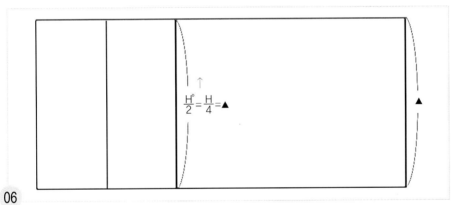

06

H°/2=H/4 치수를 올라가 표시한 두 점을 직선자로 연결하여 옆선을 그린다.

2. 히프선 위쪽 옆선의 완성선을 그린다.

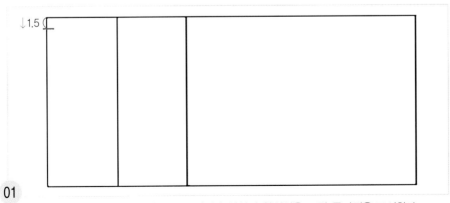

01

옆선 쪽 허리 안내선 끝에서 1.5cm 내려와 옆선의 완성선을 그릴 통과점을 표시한다.

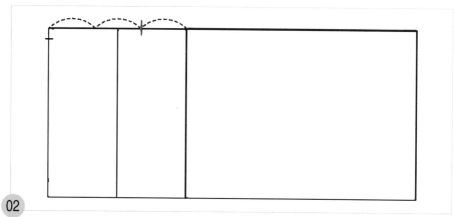

02 허리선에서 히프선까지를 3등분한다.

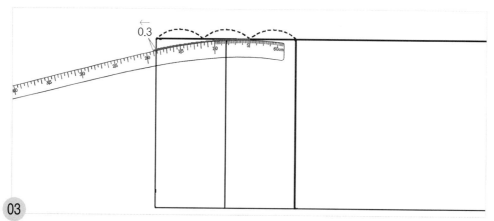

03 허리선에서 히프선의 2/3 위치에 hip곡자 5 근처의 위치를 맞추면서 1.5cm 내려와 표시한 점과 연결하여 히프선 위쪽 옆선 완성선을 허리선에서 0.3cm 추가하여 그린다.

3. 허리 완성선을 그리고 다트를 그린다.

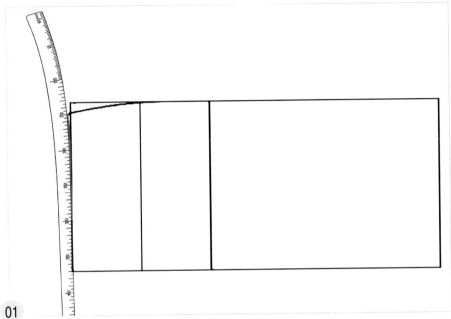

01

0.3cm 추가하여 그린 옆선의 끝점에 hip곡자 15 근처의 위치를 맞추면서 허리선과 맞닿는 곡선으로 연결하여 허리 완성선을 그린다.

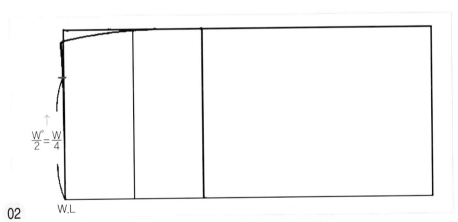

02

앞 중심선 쪽 허리선 끝에서 $W^\circ/2 = W/4$ 치수를 올라가 표시한다.

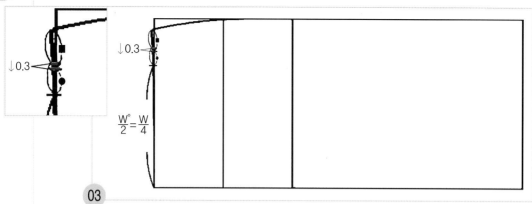

03

W°/2=W/4 치수를 제하고 남은 허리선의 분량을 2등분한 다음 0.3cm 앞 중심 쪽으로 이동하여 차이지는 두 개의 다트량을 표시해 둔다.

04

허리 완성선을 3등분한다.

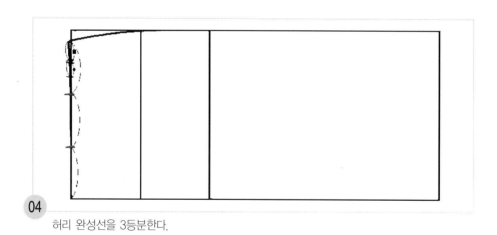

05

3등분한 위치를 중 히프선에서 직각으로 연결하여 다트 중심선을 그린다.

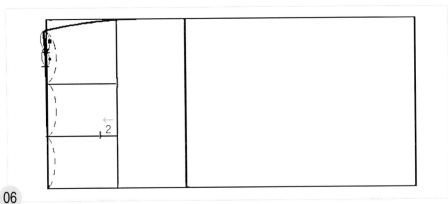

06 옆선 쪽 다트는 중 히프선 위치를 다트 끝점으로 하고, 앞 중심 쪽 다트는 중 히프선에서 2cm 허리선 쪽으로 올라가 다트 끝점을 표시한다.

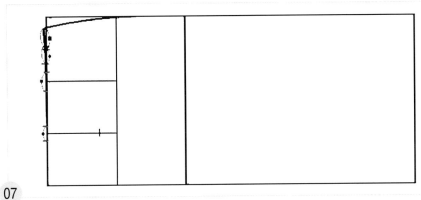

07 다트량이 많은 것(■)을 옆선 쪽 다트 중심선에서 다트량의 1/2씩 위아래로 나누어 표시하고, 다트량이 적은 것(●)을 앞 중심 쪽 다트 중심선에서 다트량의 1/2씩 위아래로 나누어 허리선 쪽 다트 위치를 표시한다.

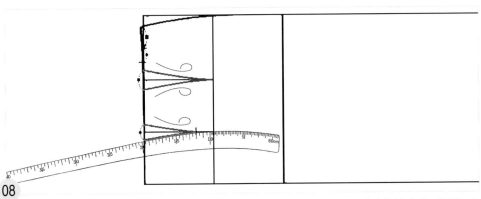

08 hip곡자가 다트 끝점에서 1cm 다트 중심선에 닿으면서 허리선 쪽 다트 위치와 연결되는 곡선으로 찾아 맞추고 다트 완성선을 그린다(즉, 다트 끝점에 hip곡자 12 근처의 위치를 맞추면서 허리선 쪽 다트 위치와 연결하여 다트 완성선을 그린다).

4. 히프선 아래쪽의 옆선을 그린다.

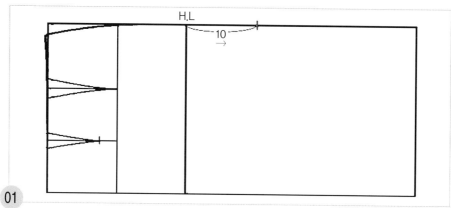

01 옆선 쪽 히프선에서 밑단 쪽으로 10cm 나가 표시한다.

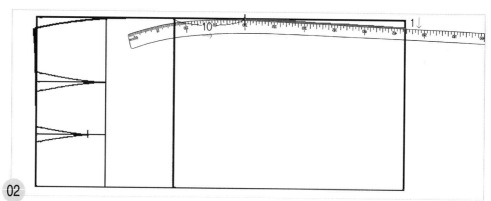

02 밑단 쪽 옆선 끝에서 1cm 내려와 표시하고 히프선에서 10cm 내려와 표시한 점에 hip곡자로 20 근처의 위치를 맞추어 연결하여 히프선 아래쪽 옆선의 완성선을 그린다.

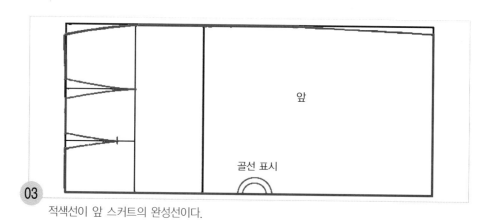

03 적색선이 앞 스커트의 완성선이다.

허리 벨트 그리기 ···◈

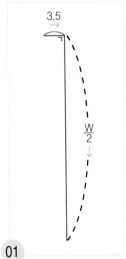

01
직각자를 대고 허리 벨트 폭을 수평으로 뒤 중심선을 그린 다음 직각으로 W/2 치수의 허리 벨트 선을 내려 그린다.

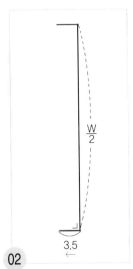

02
W/2 치수를 내려 그은 허리 벨트 선 끝에서 3.5cm 폭으로 앞 중심선을 그린다.

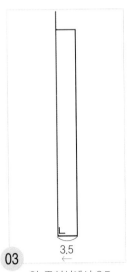

03
앞 중심선에서 3.5cm 폭으로 허리 벨트 폭 선을 길게 올려 그린다.

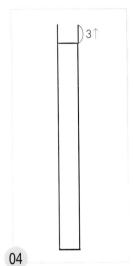

04
허리 벨트 선의 뒤 중심선에서 3cm 낸단분을 올려 그린다.

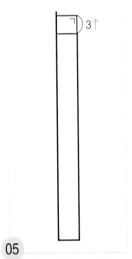

05
낸단분 3cm 올려 그린 끝점에서 직각으로 뒤 오른쪽 낸단분 선을 그린다.

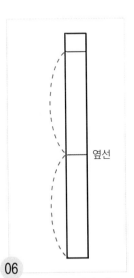

06
뒤 중심선에서 앞 중심선까지를 2등분하여 옆선 위치를 그린다.

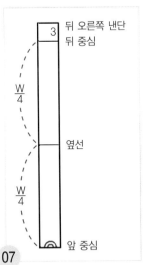

07
앞 중심선에 골선 표시를 한다.

세미타이트 스커트 Semitight Skirt...

■ ■ ■ S.K.I.R.T

스타일 ● ● ● 허리에서 히프까지는 몸에 꼭 맞고 보행에 지장이 없도록 밑단에 적당한 넓이를 넣은 실루엣의 스커트로, 타이트 스커트와 마찬가지로 연령이나 체형에 관계없이 누구에게나 잘 어울리는 착용 범위가 넓은 스커트이다.

소 재 ● ● ● 울이나 면, 마의 소재라면 중간 두께의 것이 좋고, 화섬의 경우라면 약간 두꺼운 것이 좋다.

세미타이트 스커트의 제도 순서

제도 치수 구하기

계측 치수		제도 각자 사용 시의 제도 치수	일반 자 사용 시의 제도 치수
허리 둘레(W)	68cm	W° − 34	W / 4 = 17
엉덩이 둘레(H)	94cm	H° = 47	H / 4 = 23.5
스커트 길이	53cm (벨트 제외)	53cm	

뒤 스커트 제도하기

1. 기초선을 그린다.

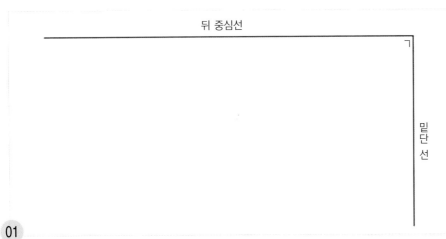

01

직각자를 대고 뒤 중심선을 그린 다음 직각으로 밑단 선을 그린다.

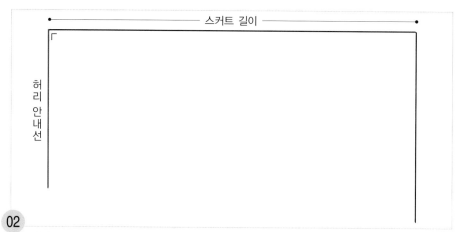

02

밑단 쪽 뒤 중심선 끝에서 스커트 길이를 재어 표시하고 직각으로 허리 안내선을 그린다.

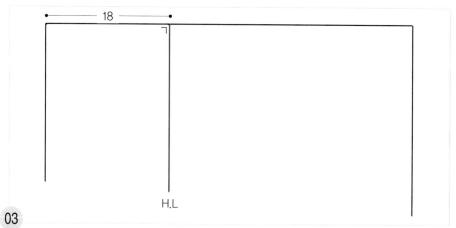

03

허리선 쪽 뒤 중심선 끝에서 18cm 밑단 쪽으로 나가 표시하고, 직각으로 히프선을 그린다.

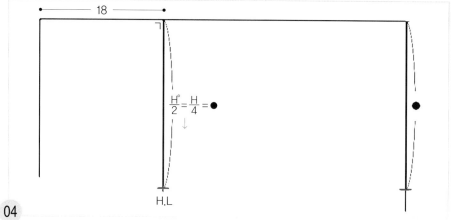

04

뒤 중심선 쪽 히프선 끝에서 H°/2=H/4 치수를 내려와 히프선 끝점을 표시하고, 같은 치수를 재어 밑단 선 쪽에도 표시한다.

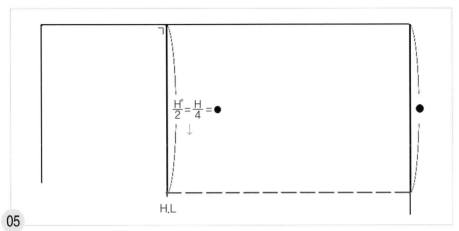

$$\frac{H^{\circ}}{2} = \frac{H}{4} = \bullet$$

H.L

05 H˚/2=H/4 치수를 재어 표시한 두 점을 직신자로 연결하여 밑단 폭을 추가힐 위지와 옆선 의 통과할 히프선 끝점의 안내선을 점선으로 그린다.

2. 옆선과 밑단 선을 그린다.

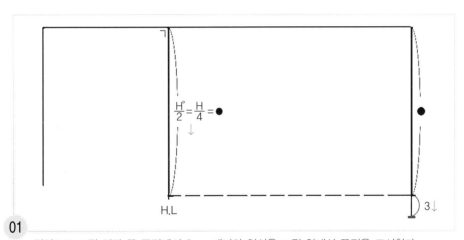

$$\frac{H^{\circ}}{2} = \frac{H}{4} = \bullet$$

H.L　　　　　　　　　　　　3↓

01 점선으로 그린 밑단 쪽 끝점에서 3cm 내려와 옆선을 그릴 안내선 끝점을 표시한다.

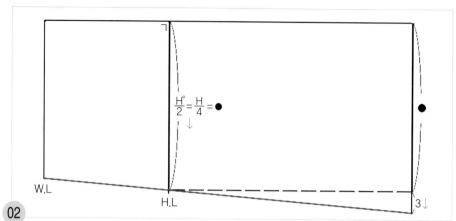

밑단 쪽 끝에서 3cm 내려온 점과 히프선 끝점 두 점을 직선자로 연결하여 허리선까지 옆선을 그린다.

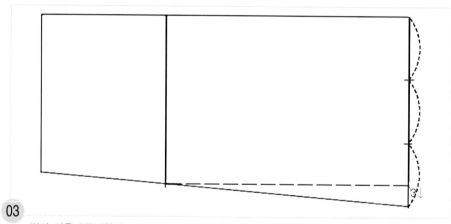

밑단 선을 3등분한다.

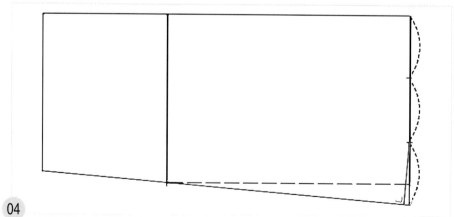

밑단 쪽 옆선에 직각자를 밑단 선의 1/3점과 만나는 위치와 연결하고 밑단의 완성선을 그린다.

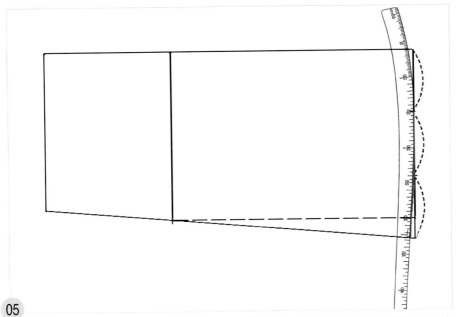

05

1/3 지점의 각진 곳을 자연스런 곡선으로 수정한다(즉, 뒤 중심 쪽의 1/3 지점에 hip곡자 15 위치를 맞추고 연결한다).

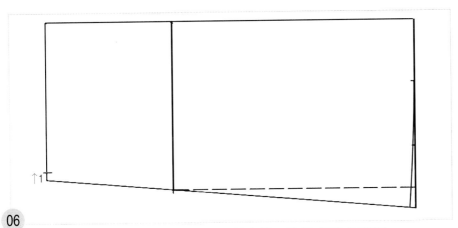

06

옆선 쪽 허리선 끝에서 1cm 올라가 옆선의 완성선을 그릴 통과점을 표시한다.

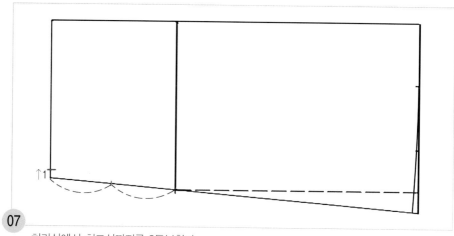

07

허리선에서 히프선까지를 2등분한다.

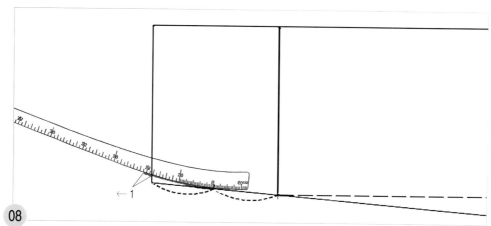

08

허리선에서 히프선까지 2등분한 점에 hip곡자 5 근처의 위치를 맞추면서 허리선에서 1cm 올라가
표시한 점과 연결하여 히프선 위쪽 옆선의 완성선을 허리선에서 1cm 추가하여 그린다.

3. 허리 완성선을 그리고 다트를 그린다.

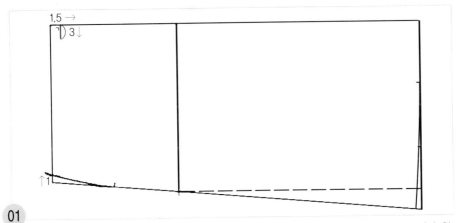

01

뒤 중심 쪽 허리 안내선 끝에서 1.5cm 밑단 쪽으로 나가 표시하고 직각으로 3cm 허리 완성선을 내려 그린다.

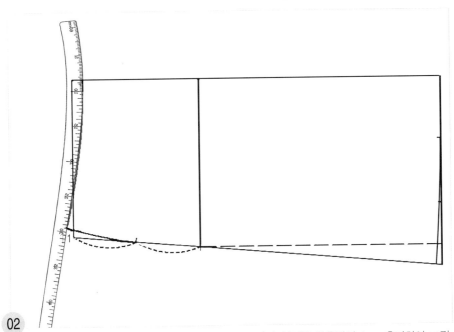

02

직각으로 3cm 내려 그린 끝점에 hip곡자 10 근처의 위치를 맞추면서 1cm 추가하여 그린 옆선의 끝점과 연결하여 뒤 허리 완성선을 그린다.

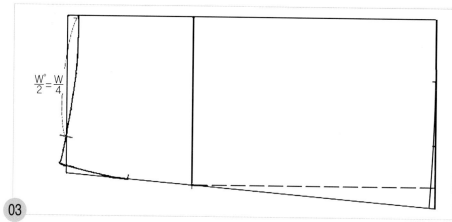

03 뒤 중심선 쪽에서 허리 완성선을 따라 $\frac{W°}{2}=\frac{W}{4}$ 치수를 내려와 표시한다.

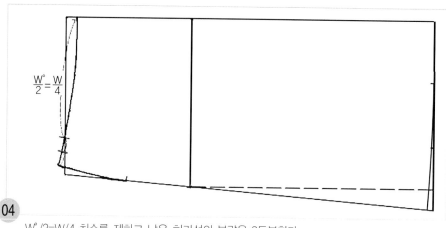

04 $\frac{W°}{2}=\frac{W}{4}$ 치수를 제하고 남은 허리선의 분량을 2등분한다.

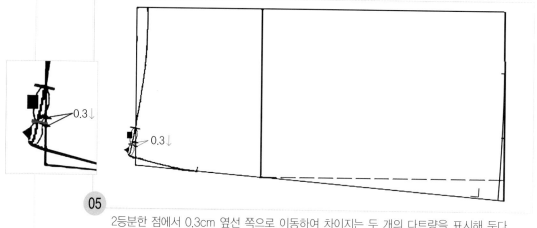

05 2등분한 점에서 0.3cm 옆선 쪽으로 이동하여 차이지는 두 개의 다트량을 표시해 둔다.

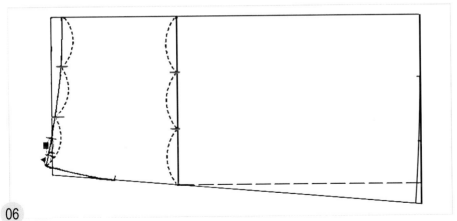

06 허리 완성선과 히프선을 각각 3등분한다.

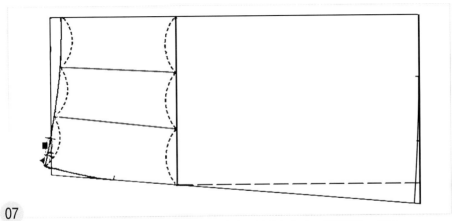

07 허리선과 히프선의 3등분한 1/3점끼리 직선자로 연결하여 다트 중심선을 그린다.

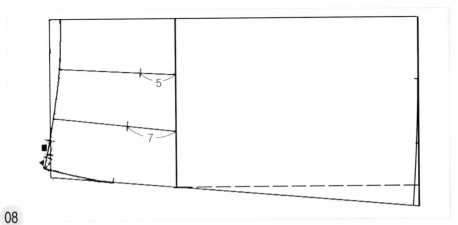

08 히프선에서 뒤 중심 쪽 다트는 5cm, 옆선 쪽 다트는 7cm 허리선 쪽으로 올라가 다트 끝점을 표시한다.

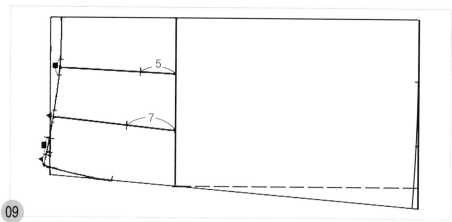

09 다트량이 많은 것(■)을 뒤 중심 쪽 다트 중심선에서 다트량의 1/2씩 위아래로 나누어 표시하고, 다트량이 적은 것(▲)을 옆선 쪽 다트 중심선에서 다트량의 1/2씩 위아래로 나누어 허리선 쪽 다트 위치를 표시한다.

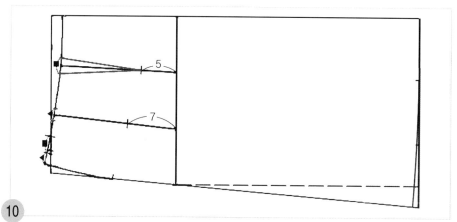

10 뒤 중심 쪽 다트는 다트 끝점과 직선자로 연결하여 다트 완성선을 그린다.

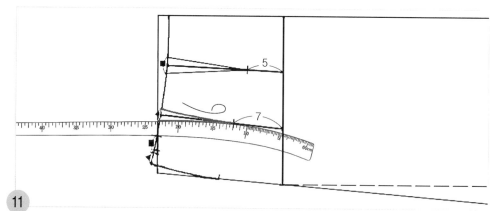

11 옆선 쪽 다트는 hip곡자가 다트 끝점에서 1cm 다트 중심선에 닿으면서 허리선 쪽 다트 위치와 연결되는 곡선을 찾아 맞추고 다트 완성선을 그린다(즉, 다트 끝점에 hip곡자 12 위치를 맞추면서 허리선 쪽 다트 위치와 연결한다).

4. 지퍼 트임 끝 표시를 하고 스티치 선을 그린다.

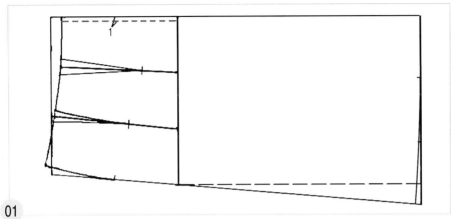

01

허리 완성선에서 히프선까지 뒤 중심선에서 1cm 폭으로 지퍼의 스티치 선을 그린다.

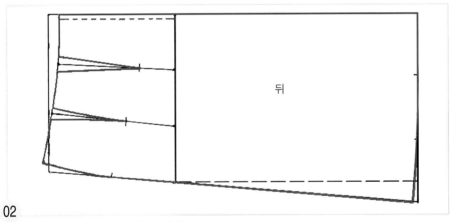

02

적색선이 뒤 스커트의 완성선이다.

1. 기초선을 그린다.

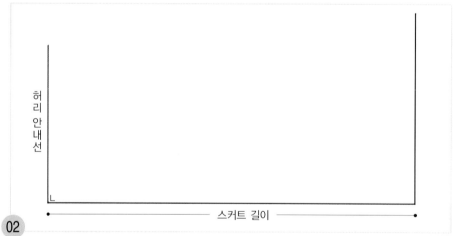

밑단
단
선

앞 중심선

01
직각자를 대고 앞 중심선을 그린 다음, 직각으로 밑단 선을 그린다.

허
리
안
내
선

스커트 길이

02
밑단 선 쪽 앞 중심선 끝에서 스커트 길이를 재어 표시하고 직각으로 허리 안내선을 그린다.

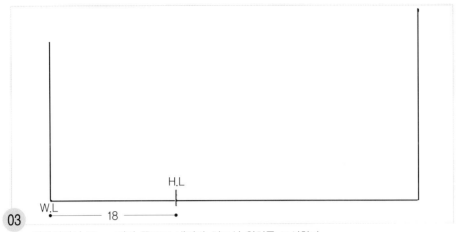

03 허리선에서 18cm 밑단 쪽으로 내려가 히프선 위치를 표시한다.

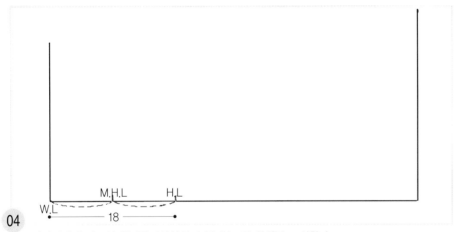

04 허리선에서 히프선 위치를 2등분하여 중 히프선 위치를 표시한다.

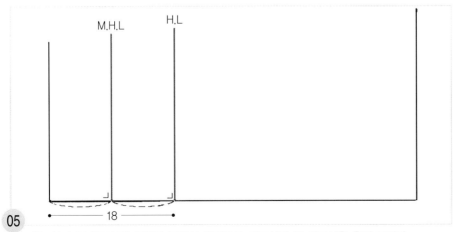

05 히프선과 중 히프선의 표시한 곳에서 직각으로 히프선과 중 히프선을 올려 그린다.

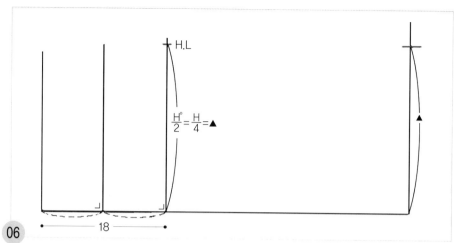

06 앞 중심 쪽에서 히프선을 따라 H°/2=H/4 치수를 올라가 표시하고, 같은 치수를 밑단 선 쪽에도 표시한다.

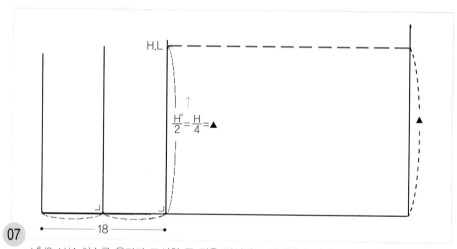

07 H°/2=H/4 치수를 올라가 표시한 두 점을 직선자로 연결하여 점선으로 그린다.

2. 옆선과 밑단 선을 그린다.

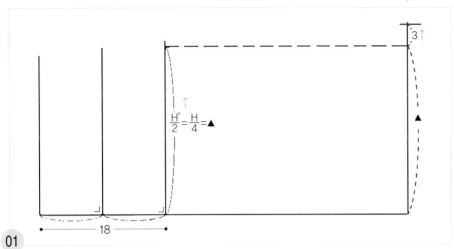

01
점선으로 그린 밑단 선 끝에서 3cm 올라가 옆선을 그릴 안내선 끝점을 표시한다.

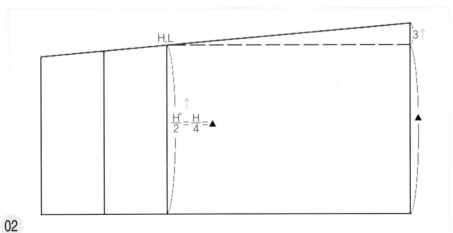

02
밑단 쪽 끝에서 3cm 올라간 점과 히프선 끝점 두 점을 직선자로 연결하여 허리선까지 옆선을 그린다.

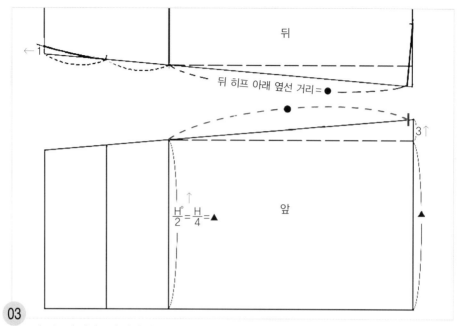

03

뒤 히프선 아래쪽의 옆선 거리를 재어 앞 히프선에서 옆선을 따라 내려가 밑단 쪽에 표시한다.

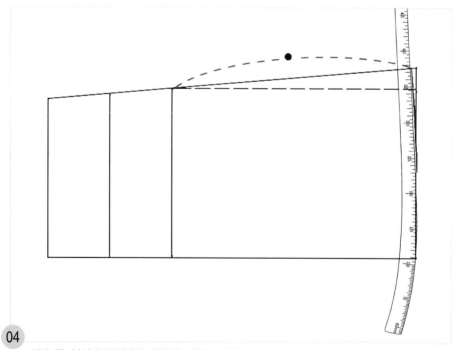

04

밑단 쪽 옆선의 끝점에서 직각이 되면서 밑단 선과 연결되는 hip곡자로 맞추어 대고 밑단
의 완성선을 그린다(즉, 뒤판을 그릴 때 사용한 hip곡자의 똑같은 위치로 수직 반전하여 연
결하면 된다).

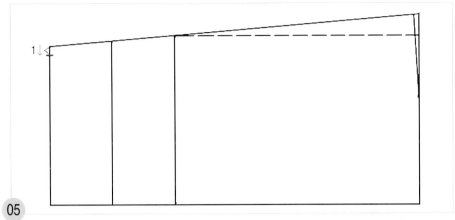

05 옆선 쪽 허리 안내선 끝에서 1.cm 내려와 옆선의 완성선을 그릴 통과점을 표시한다.

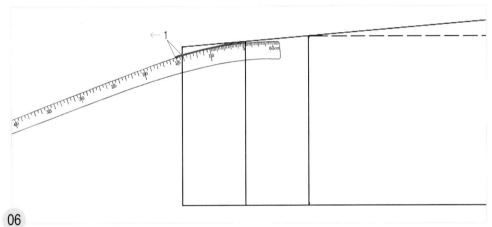

06 옆선 쪽 중 히프선 위치에 hip곡자 5 근처의 위치를 맞추면서 허리선에서 1cm 내려와 표시한 점과 연결하여 히프선 위쪽 옆선의 완성선을 허리선에서 1cm 추가하여 그린다.

3. 허리 완성선을 그리고 다트를 표시한다.

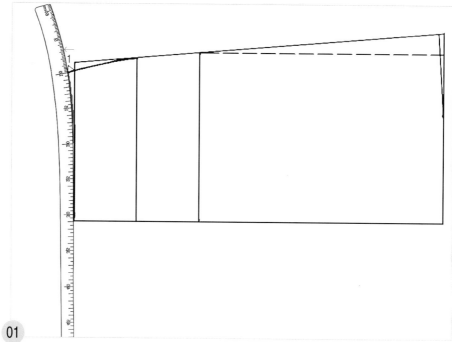

1cm 추가하여 그린 옆선의 끝점에 hip곡자 15 근처의 위치를 맞추면서 허리선과 맞닿는
곡선으로 연결하여 허리 완성선을 그린다.

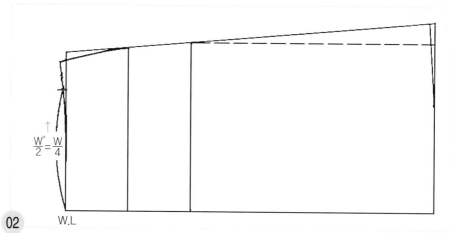

$$\frac{W°}{2} = \frac{W}{4}$$

W.L

앞 중심 쪽 허리선 끝에서 W°/2=W/4 치수를 올라가 표시한다.

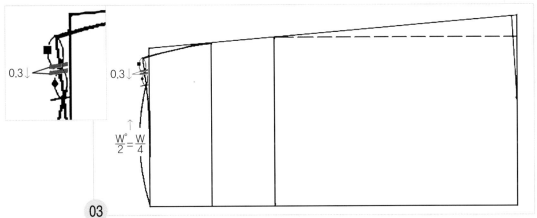

03
　W$^\circ$/2=W/4 치수를 제하고 남은 허리선의 분량을 2등분하고, 2등분한 곳에서 0.3cm 앞 중
　심 쪽으로 이동하여 차이지는 두 개의 다트량을 표시해 둔다.

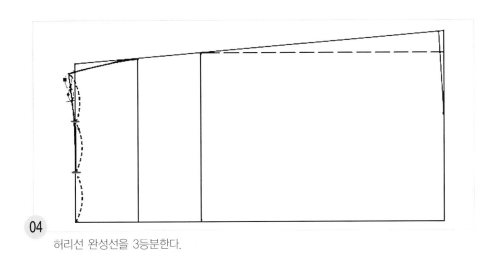

04
　허리선 완성선을 3등분한다.

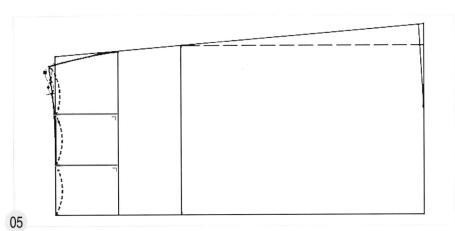

05
　중 히프선에서 직각으로 허리선의 1/3 위치와 각각 연결하여 다트 중심선을 그린다.

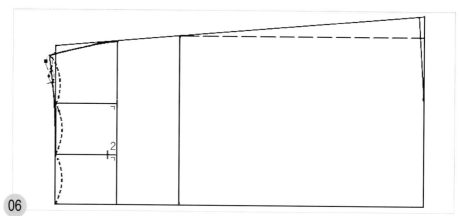

06

옆선 쪽 다트는 중 히프선 위치를 다트 끝점으로 하고 앞 중심 쪽 다트는 중 히프선에서 2cm 허리선 쪽으로 올라가 다트 끝점 표시를 한다.

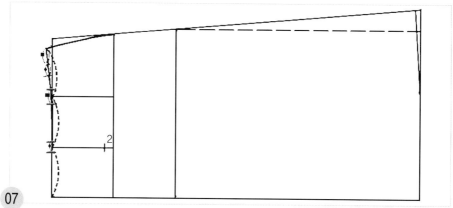

07

다트량이 많은 것(■)을 옆선 쪽 다트 중심선에서 다트량의 1/2씩 위아래로 나누어 표시하고, 다트량이 적은 것(●)을 앞 중심 쪽 다트 중심선에서 다트량의 1/2씩 위아래로 나누어 허리선 쪽 다트 위치를 표시한다.

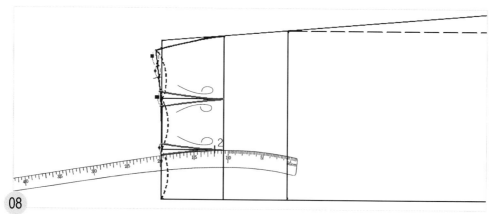

08

hip곡자가 다트 끝점에서 1cm 다트 중심선에 닿으면서 허리선 쪽 다트 위치와 연결되는 곡선으로 찾아 맞추고 다트 완성선을 그린다.

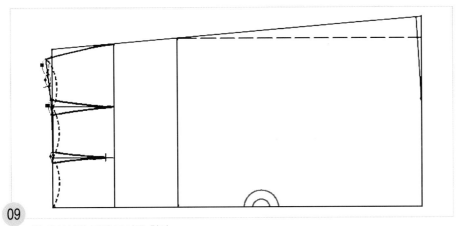

09 앞 중심선에 골선 표시를 한다.

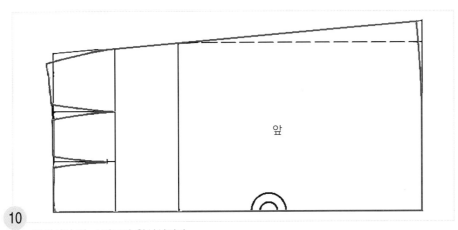

앞

10 적색선이 앞 스커트의 완성선이다.

허리 벨트 그리기 ◦◦◦▸

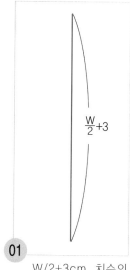

01

W/2+3cm 치수의 허리 벨트 선을 세로로 내려 그린다.

02

아래쪽에서 직각으로 3cm 허리 벨트 폭의 앞 중심선을 그리고 골선 표시를 넣는다.

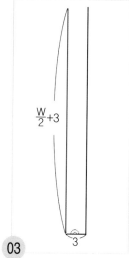

03

앞 중심선에서 3cm 폭으로 W/2+3cm의 허리 벨트 폭 선을 올려 그린다.

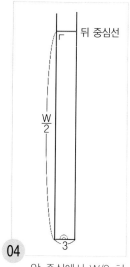

04

앞 중심에서 W/2 치수를 올라가 직각으로 뒤 중심선을 그린다.

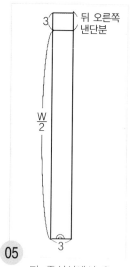

05

뒤 중심선에서 3cm 올라간 두 점을 직선으로 연결하여 뒤 오른쪽 낸단분 선을 그린다.

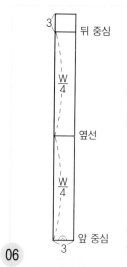

06

앞 중심선에서 뒤 중심선까지를 2등분하여 옆선 위치를 그린다.

골반 요크 스커트 Hipbone Yoke Skirt...

■■■ S.K.I.R.T 03

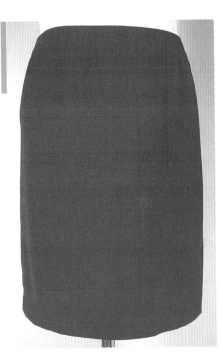

스타일 ●●● 타이트 스커트를 요크 절개로 하여 골반에 걸쳐 입는 스타일이다.

소 재 ●●● 촘촘하게 짜여진 울이나 면, 화섬이나 합성 피혁 등 약 간 두꺼운 것이 좋다.

제도 치수 구하기 ⋯⋯▶

계측 치수		제도 각자 사용 시의 제도 치수	일반 자 사용 시의 제도 치수
허리 둘레(W)	68cm	W° = 34	W / 4 = 17
엉덩이 둘레(H)	94cm	H° = 47	H / 4 = 23.5
스커트 길이	53cm (벨트 제외)		53cm

뒤 스커트 제도하기 ⋯⋯▶

1. 기초선을 그린다.

뒤 중심선

밑단선

01

직각자를 대고 뒤 중심선을 그린 다음 직각으로 밑단 선을 그린다.

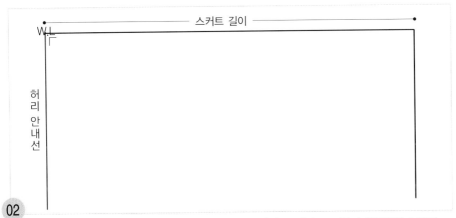

02 밑단 쪽 뒤 중심선을 따라 스커트 길이를 재어 표시하고, 직각으로 허리 안내선을 그린다.

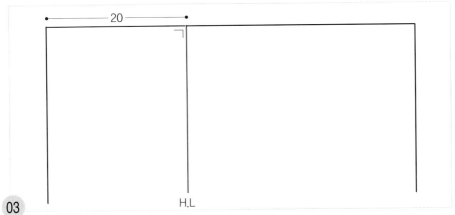

03 허리선 쪽 뒤 중심선 끝에서 20cm 밑단 쪽으로 나가 표시하고 직각으로 히프선을 그린다.

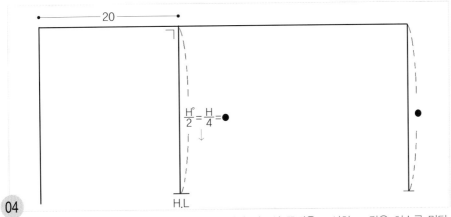

04 뒤 중심선 쪽 히프선 끝에서 $\frac{H°}{2}=\frac{H}{4}$ 내려와 히프선 끝점을 표시하고, 같은 치수를 밑단선 쪽에도 표시한다.

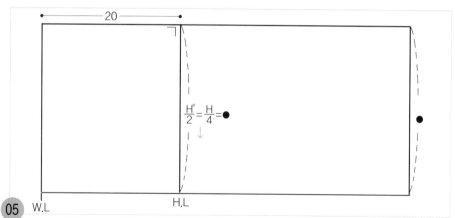

05

$$\frac{H^\circ}{2}=\frac{H}{4}=\bullet$$

W.L H.L

H˚/2=H/4 치수를 재어 표시한 히프선 끝점과 밑단 선 끝점 두 점을 직선자로 연결하여 허리선까지 옆선의 안내선을 그린다.

2. 히프선 아래쪽 옆선의 완성선을 그린다.

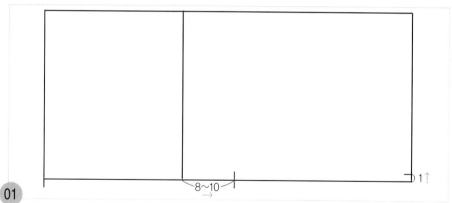

01

8~10

히프선에서 8~10cm 밑단 쪽으로 나가 표시하고, 옆선 쪽 밑단 선 끝에서 1cm 올라가 옆선의 완성선을 그릴 통과점을 표시한다.

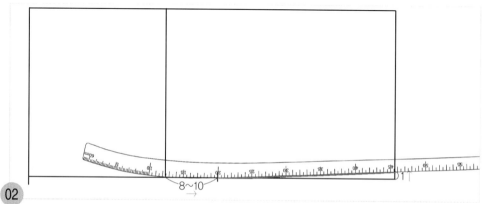

02

8~10

8~10cm 내려간 점에 hip곡자 20 위치를 맞추면서 밑단 쪽에서 1cm 올라간 점과 연결하여 히프선 아래쪽 옆선의 완성선을 그린다.

3. 뒤 벤츠를 그린다.

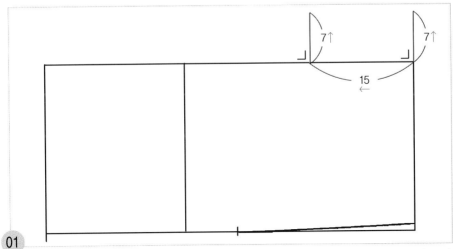

01 뒤 중심 쪽 밑단 선 끝에서 뒤 중심선을 따라 15cm 히프선 쪽으로 올라가 벤츠 트임 끝점을 표시하고, 직각으로 7cm 위쪽으로 벤츠 안단 폭 선을 그림 다음, 밑단 쪽에도 7cm를 직각으로 올려 그린다.

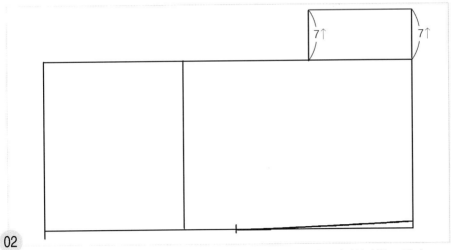

02 7cm 올려 그린 벤츠 안단 폭 선 두 점을 직선자로 연결하여 벤츠 안단분 선을 그린다.

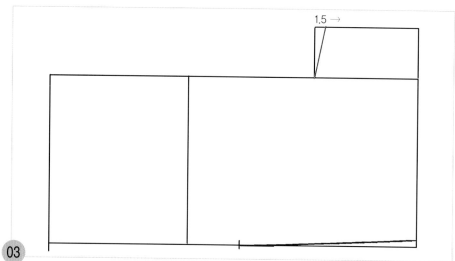

1.5 →

03

벤츠 트임 끝쪽의 벤츠 안단선 끝점에서 1.5cm 밑단 쪽으로 나가 표시하고, 벤츠 트임 끝점과 직선자로 연결하여 벤츠 안단의 완성선을 그린다.

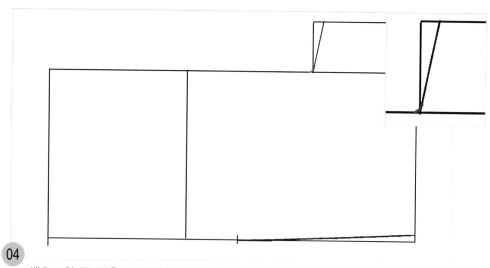

04

벤츠 트임 끝부분은 미어짐을 방지하기 위하여 곡선으로 수정한다.

4. 히프선 위쪽 옆선의 완성선을 그린다.

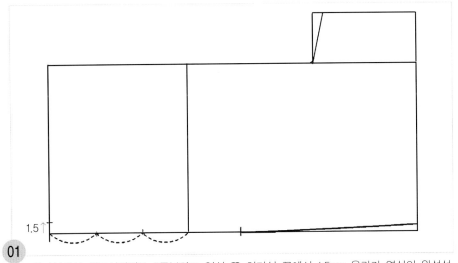

01 허리선에서 히프선까지를 3등분하고 옆선 쪽 허리선 끝에서 1.5cm 올라가 옆선의 완성선을 그릴 통과점을 표시한다.

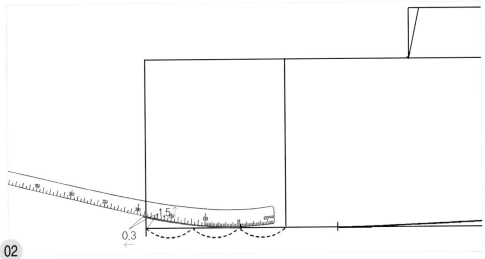

02 허리선과 히프선의 2/3 지점에 hip곡자 5 근처의 위치를 맞추면서 허리선에서 1.5cm 올라가 표시한 통과점과 연결하여 옆선의 완성선을 허리선에서 0.3cm 추가하여 그린다.

5. 허리 완성선을 그리고 다트를 그린다.

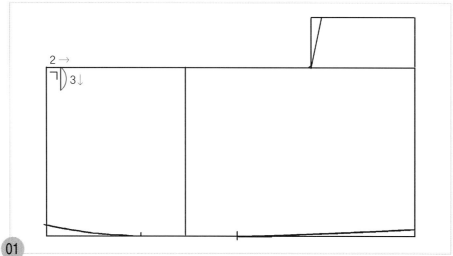

01 뒤 중심선 쪽 허리 안내선 끝에서 2cm 밑단 쪽으로 나가 표시하고 직각으로 3cm 허리 완성선을 내려 그린다.

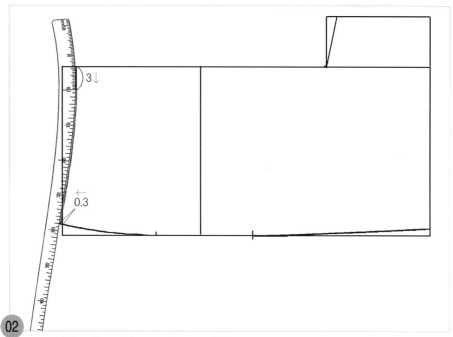

02 3cm 내려 그은 끝점에 hip곡자 10 근처의 위치를 맞추면서 옆선에서 0.3cm 추가하여 그린 끝점과 연결하여 뒤 허리 완성선을 그린다.

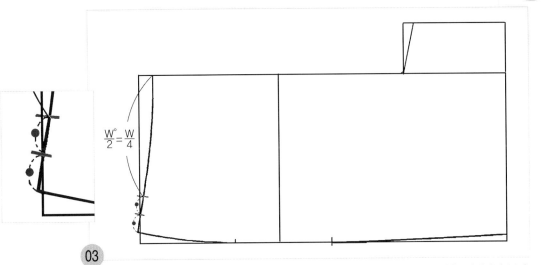

$$\frac{W°}{2} = \frac{W}{4}$$

03

뒤 중심 쪽 허리 완성선 끝점에서 W°/2=W/4 치수를 내려와 표시하고 남은 허리선의 분량을 2등분하여 두 개의 다트량을 표시해 둔다.

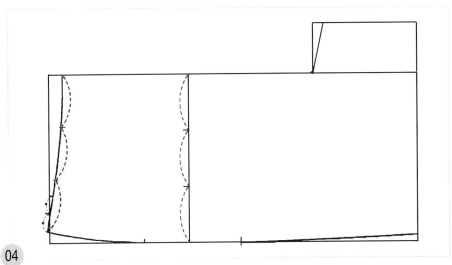

04

허리 완성선과 히프선을 각각 3등분한다.

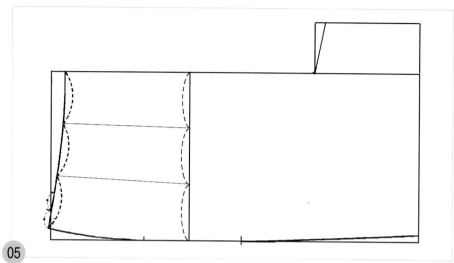

05 허리선과 히프선의 3등분한 1/3점끼리 직선자로 연결하여 다트 중심선을 그린다.

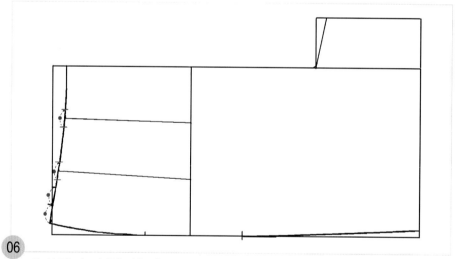

06 허리선의 다트 분량(●)을 다트 중심선에서 다트량의 1/2씩 위아래로 나누어 허리선 쪽 다트 위치를 표시한다.

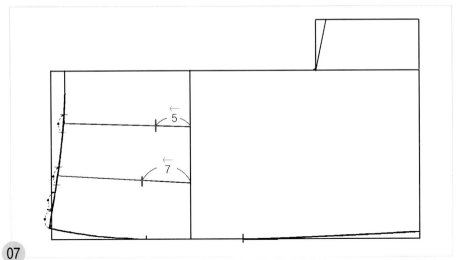

07 히프선에서 뒤 중심 쪽 다트는 5cm, 옆선 쪽 다트는 7cm 허리선 쪽으로 올라가 다트 끝점 표시를 한다.

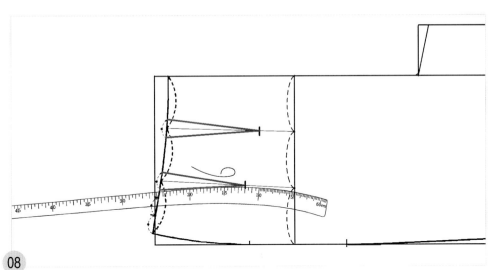

08 뒤 중심 쪽 다트는 다트 끝점과 허리선 쪽 다트 위치를 직선자로 연결하여 다트 완성선을 그리고, 옆선 쪽 다트는 다트 끝점에서 1cm 다트 중심선에 닿으면서 허리선 쪽 다트 위치와 연결하여 다트 완성선을 그린다(즉, 다트 끝점에 hip곡자 12 위치를 맞추면서 허리선 쪽 다트 위치와 연결한다).

6. 요크 벨트 선을 그리고 다트와 옆선의 완성선을 수정한다.

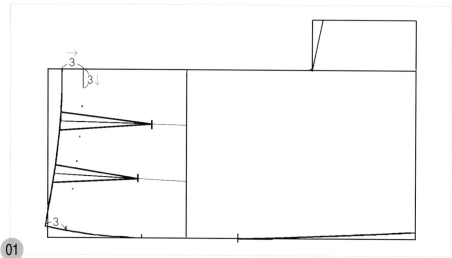

01

뒤 중심 쪽 허리 완성선에서 히프선 쪽으로 3cm 나가 직각으로 3cm 내려 그린 다음, 옆선까지 3cm 폭으로 표시한다.

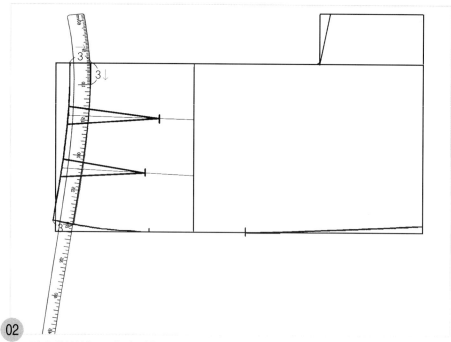

02

허리 완성선을 그릴 때 사용한 똑같은 hip곡자로 연결하여 요크 벨트 선을 그린다(즉, 직각으로 3cm 뒤 중심 쪽에서 내려 그은 끝점에 hip곡자 10 위치를 맞추면서 옆선에서 3cm 나가 표시한 점과 연결한다).

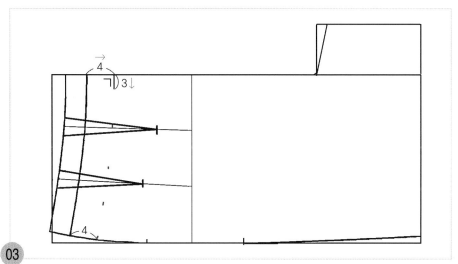

03 뒤 중심 쪽 요크 벨트 선에서 히프선 쪽으로 벨트 폭 4cm를 나가 직각으로 3cm 내려 그린 다음, 옆선까지 4cm 폭으로 표시한다.

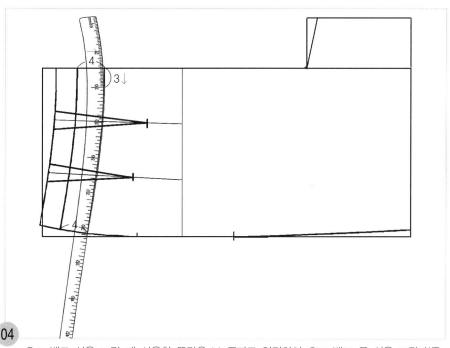

04 요크 벨트 선을 그릴 때 사용한 똑같은 hip곡자로 연결하여 요크 벨트 폭 선을 그린다(즉, 뒤 중심 쪽에서 4cm 나가 직각으로 3cm 내려 그은 끝점에 hip곡자 10 위치를 맞추면서 옆선에서 4cm 나가 표시한 점과 연결한다).

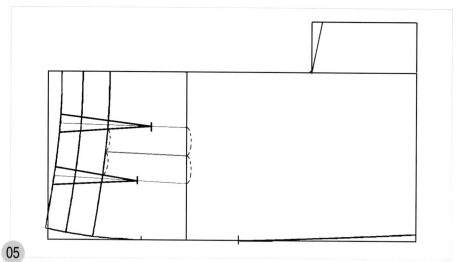

05 히프선의 다트 중심선과 다트 중심선 사이를 2등분하고, 요크 벨트 폭 선의 다트와 다트 사이를 2등분하여 2등분한 점끼리 직선자로 연결하여 이동할 다트 중심선을 그린다.

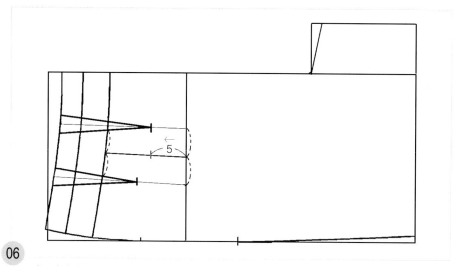

06 히프선에서 다트 중심선을 따라 5cm 허리선 쪽으로 올라가 다트 끝점을 표시한다.

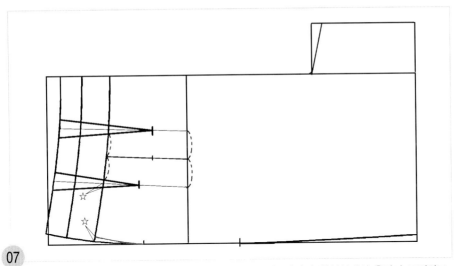

07

요크 벨트 폭 선 아래쪽의 옆선 쪽 다트량의 1/2(☆)을 옆선의 완성선에서 올라가 표시하고,
히프선 쪽 1/3 위치에 hip곡자 5 위치를 맞추면서 연결하여 옆선의 완성선을 수정한다.

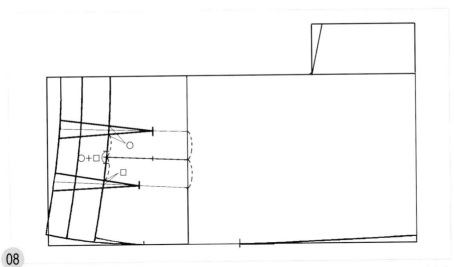

08

옆선 쪽 다트량의 1/2(□)과 뒤 중심 쪽 다트량(○)을 이동한 다트 중심선에서 1/2씩 위아래
로 나누어 요크 벨트 폭 선 쪽 다트 위치를 표시한다.

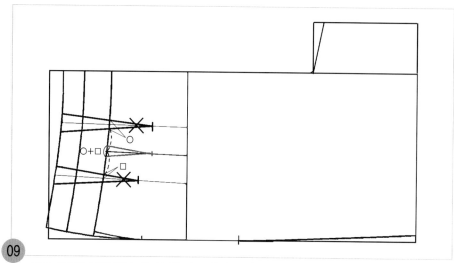

09

다트 끝점과 허리 벨트 폭 선 쪽 다트 위치를 직선자로 연결하여 다트 완성선을 그리면 기존의 뒤 중심 쪽 다트와 옆선 쪽 다트는 없어지게 된다.

7. 지퍼 트임 끝 위치를 표시하고 스티치 선을 그린다.

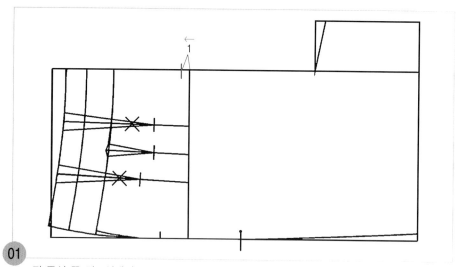

01

뒤 중심 쪽 히프선에서 1cm 허리선 쪽으로 올라가 지퍼 트임 끝 위치를 표시한다.

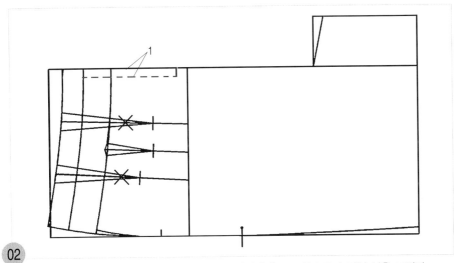

02

뒤 중심 쪽 요크 벨트 선에서 지퍼 트임 끝 위치까지 1cm 폭으로 스티치 선을 그린다.

8. 다트를 접어 요크 벨트를 완성한다.

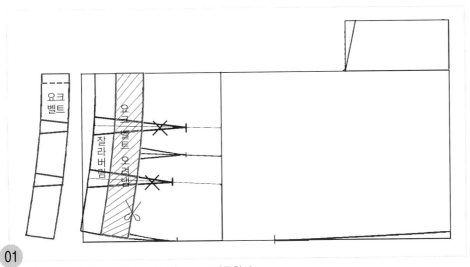

01

요크 벨트를 오려내어 허리선 위쪽으로 이동한다.

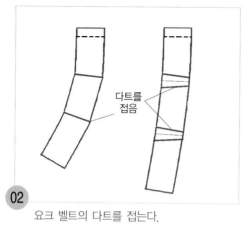

02

요크 벨트의 다트를 접는다.

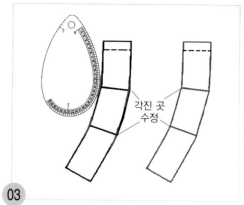

03

다트를 접어 각진 부분을 자연스런 곡선으로 수정한다.

앞 스커트 제도하기 ⋯⋯

1. 기초선을 그린다.

01

직각자를 대고 앞 중심선을 그린 다음 직각으로 밑단 선을 그린다.

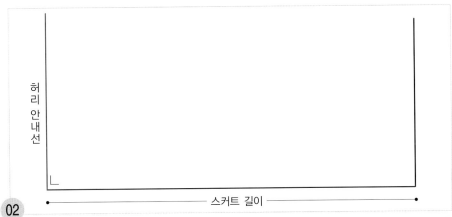

02 밑단 쪽 앞 중심선 끝에서 앞 중심선을 따라 스커트 길이를 재어 표시하고, 직각으로 허리 안내선을 그린다.

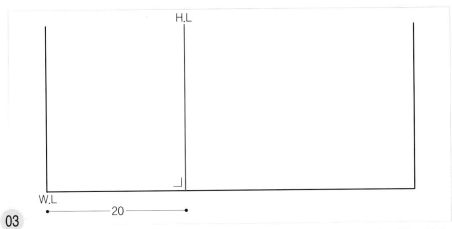

03 허리선 쪽 앞 중심선 끝에서 20cm 밑단 쪽으로 나가 표시하고, 직각으로 히프선을 그린다.

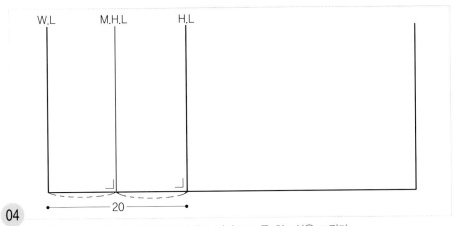

04 허리선과 히프선을 2등분하여 표시하고 직각으로 중 히프선을 그린다.

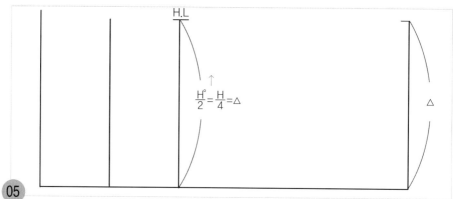

05 앞 중심선 쪽 히프선 끝에서 H°/2=H/4 치수를 올라가 히프선 끝점을 표시하고, 같은 치수를 밑단 선 쪽에도 표시한다.

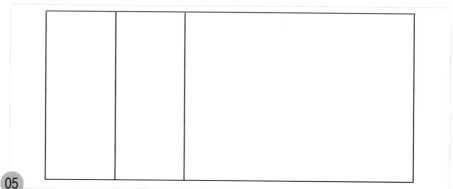

05 H°/2=H/4 치수를 재어 표시한 히프선 끝점과 밑단 선 끝점 두 점을 직선자로 연결하여 허리선까지 옆선의 안내선을 그린다.

2. 옆선의 완성선을 그린다.

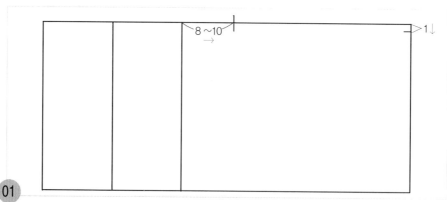

01 히프선에서 8~10cm 밑단 쪽으로 나가 표시하고, 옆선 쪽 밑단 선 끝에서 1cm 내려와 옆선의 완성선을 그릴 통과점을 표시한다.

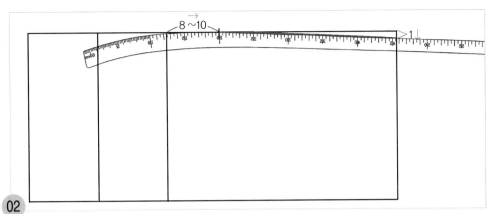

02 8~10cm 밑단 쪽으로 나간 점에 hip곡자 20 위치를 맞추면서 밑단 쪽에서 1cm 내려와 표시한 점과 연결하여 히프선 아래쪽 옆선의 완성선을 그린다.

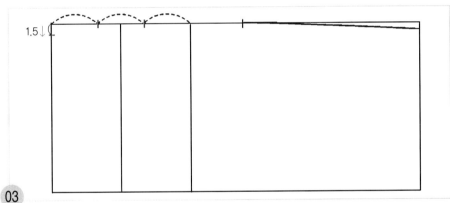

03 허리선에서 히프선까지를 3등분하고, 옆선 쪽 허리선 끝에서 1.5cm 내려와 옆선의 완성선을 그릴 통과점을 표시한다.

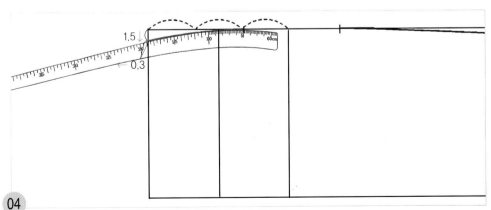

04 옆선 쪽 허리선과 히프선의 2/3 지점에 hip곡자 5 근처의 위치를 맞추면서 허리선에서 1.5cm 내려온 통과점과 연결하여 히프선 위쪽 옆선의 완성선을 허리선에서 0.3cm 추가하여 그린다.

골반 요크 스커트 ● Hipbone Yoke Skirt

3. 허리 완성선을 그리고 다트를 그린다.

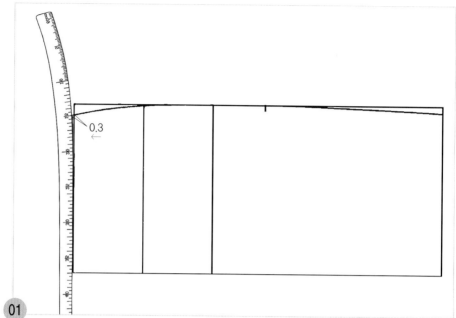

01

0.3cm 추가하여 그린 옆선의 허리 완성선에 hip곡자 10근처의 위치를 맞추면서 허리 안내 선과 이어지는 곡선을 연결하여 허리 완성선을 그린다.

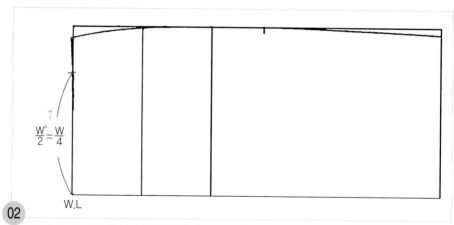

02

앞 중심 쪽 허리 완성선 끝에서 $W°/2=W/4$ 치수를 올라가 표시한다.

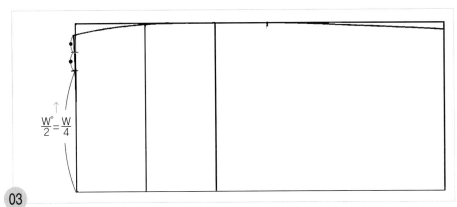

03 $\dfrac{W^{\circ}}{2} = \dfrac{W}{4}$ 치수를 제하고 남은 허리선의 분량을 2등분하여 두 개의 다트량을 표시해 둔다.

04 허리 완성선을 3등분한다.

M.H.L

05 중 히프선에서 1/3 위치와 직각으로 연결하여 다트 중심선을 그린다.

06 허리선의 다트 분량(●)을 다트 중심선에서 다트량의 1/2씩 위아래로 나누어 허리선 쪽 다트 위치를 표시한다.

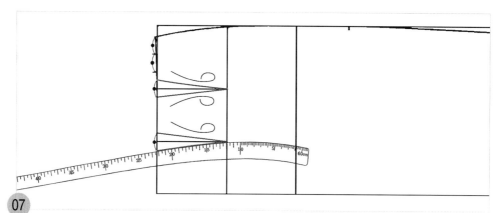

07 중 히프선을 다트 끝점으로 하여 hip곡자 12 위치를 맞추면서 허리선 쪽 다트 위치와 연결하여 다트 완성선을 그린다.

4. 요크 벨트 선을 그리고 다트를 이동하여 옆선의 완성선을 수정한다.

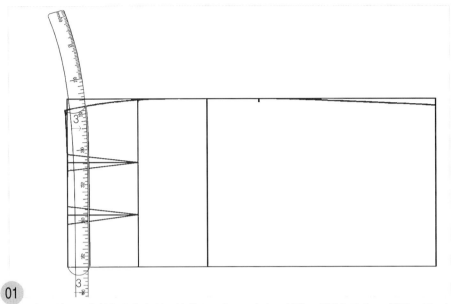

01 앞 중심 쪽 허리선 끝에서 히프선 쪽으로 3cm 나가 표시하고 직각으로 3cm 올려 그린 다음, 옆선까지 3cm 폭으로 표시하고 허리 완성선과 같은 hip곡자로 연결하여 허리선 쪽 요크 벨트 선을 그린다.

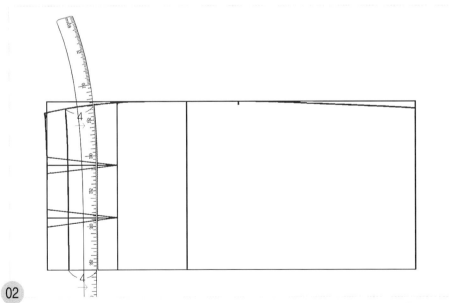

02 허리선 쪽 요크 벨트 선에서 4cm 히프선 쪽으로 나가 표시하고 직각으로 3cm 올려 그린 다음, 옆선까지 4cm 폭으로 표시하고, 허리 완성선과 같은 hip곡자로 연결하여 요크 벨트 폭 선을 그린다.

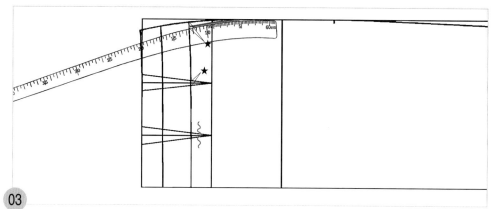

03

요크 벨트 폭 선 아래쪽의 옆선 쪽 다트량을 옆선의 완성선에서 내려와 표시하고, 히프선 쪽 1/3 위치에 hip곡자 5 근처의 위치로 맞추고 다트량 만큼 내려와 표시한 점과 연결하여 스커트 옆선의 완성선을 수정한다. 앞 중심 쪽에 남은 다트 분량은 이세 처리를 한다.

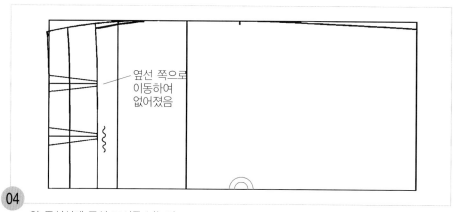

옆선 쪽으로
이동하여
없어졌음

04

앞 중심선에 골선 표시를 넣는다.

5. 다트를 접어 앞 요크 벨트를 완성한다.

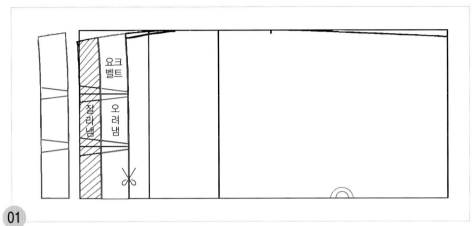

01 요크 벨트를 오려내어 허리선 위쪽으로 이동한다.

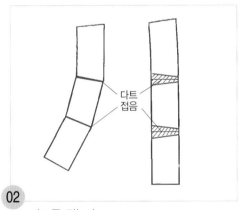

02 다트를 접는다.

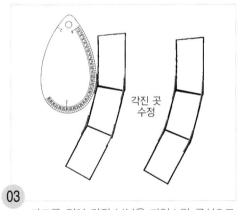

03 다트를 접어 각진 부분을 자연스런 곡선으로 수정한다.

8쪽 고어드 스커트 8 Piece Gored Skirt...

■■■ S.K.I.R.T 04

스타일 ●*●* 8조각을 서로 이어서 모양을 만든 스커트로, 다른 스커트에 비해 입체적으로 실루엣이 아름답고 어떤 체형에도 맞추기 쉬운 스타일이다.

소 재 ●*●* 고어드 스커트의 소재는 실루엣에 따라 다르나 플레어가 적은 경우는 중간 두께의 울이나 두꺼운 면 또는 화섬 등이 적합하다. 움직임이 있는 플레어 실루엣은 드레이프성이 좋은 울이나 폴리에스테르 조젯 같은 것이 좋다.

8쪽 고어드 스커트의 제도 순서

제도 치수 구하기 ⋯⋯

계측 치수		제도 각자 사용 시의 제도 치수	일반 자 사용 시의 제도 치수
허리 둘레(W)	68cm	$W° = 34$	$W / 4 = 17$
엉덩이 둘레(H)	94cm	$H° = 47$	$H / 4 = 23.5$
스커트 길이	53cm (벨트 제외)	53cm	

뒤 스커트 제도하기 ⋯⋯

1. 기초선을 그린다.

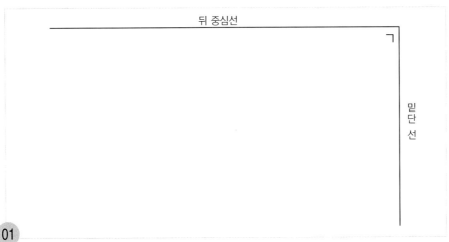

뒤 중심선

밑단 선

01

직각자를 대고 뒤 중심선을 그린 다음 직각으로 밑단 선을 그린다.

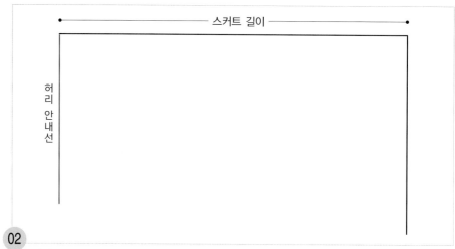

02

밑단 쪽 뒤 중심선을 따라 스커트 길이를 재어 표시하고, 직각으로 허리 안내선을 그린다.

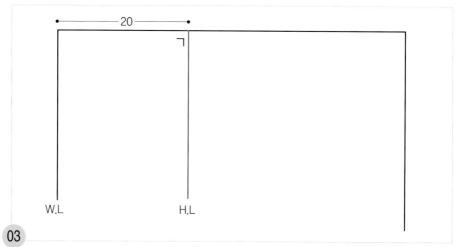

03

허리선 쪽 뒤 중심선 끝에서 20cm 밑단 쪽으로 나가 표시하고 직각으로 히프선을 그린다.

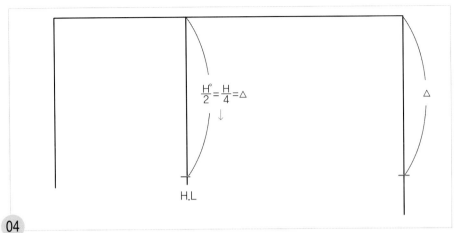

$$\frac{H°}{2} = \frac{H}{4} = \triangle$$

$\downarrow$

$\triangle$

H.L

04 뒤 중심선 쪽 히프선 끝에서 H°/2=H/4 내려와 히프선 끝점을 표시하고, 같은 치수를 밑단 선 쪽에도 표시한다.

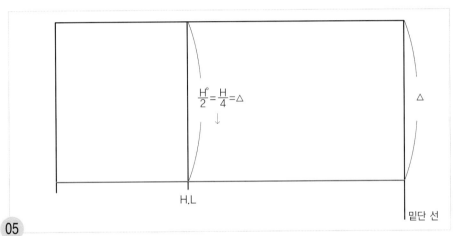

$$\frac{H°}{2} = \frac{H}{4} = \triangle$$

$\downarrow$

$\triangle$

H.L

밑단 선

05 H°/2=H/4 치수를 재어 표시한 히프선 끝점과 밑단 선 끝점 두 점을 직선자로 연결하여 허 리선까지 옆선을 그린다.

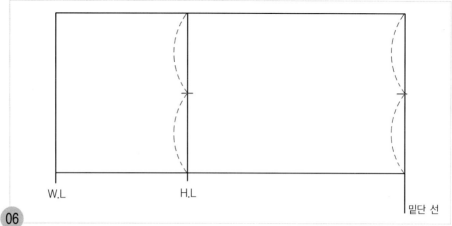

06

히프선과 밑단 선을 각각 2등분한다.

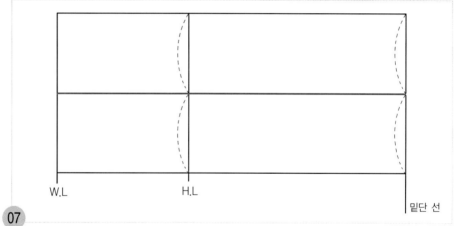

07

히프선과 밑단 선의 2등분한 두 점을 직선자로 연결하여 허리선까지 뒤 중심과 뒤 옆선 사이의 솔기 안내선을 그린다.

2. 히프선 위쪽 옆선의 완성선을 그린다.

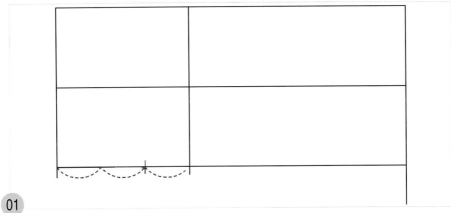

01 옆선 쪽 허리선에서 히프선까지를 3등분한다.

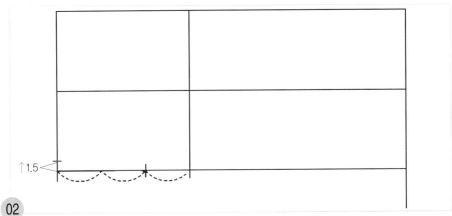

02 옆선 쪽 허리 안내선 끝에서 1.5cm 올라가 옆선의 완성선을 그릴 통과점을 표시한다.

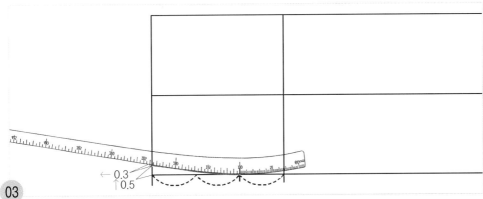

03 허리선에서 히프선까지의 2/3 지점에 hip곡자 10 근처의 위치를 맞추고 1.5cm 올라가 표시한 통과점과 연결하여 옆선의 완성선을 허리선에서 0.3cm 추가하여 그린다.

3. 허리 완성선을 그린다.

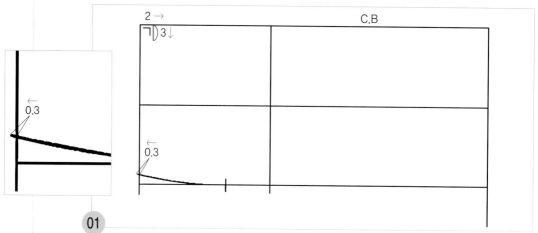

01

뒤 중심선 쪽 허리 안내선 끝에서 2cm 밑단 쪽으로 나가 표시하고, 직각으로 3cm 뒤 허리 완성선을 내려 그린다.

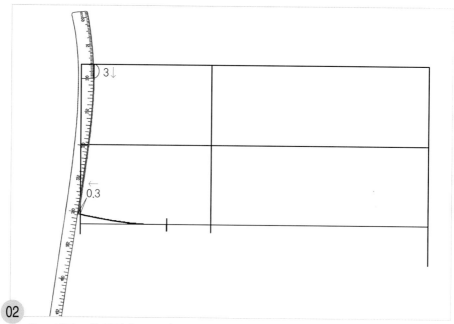

02

3cm 내려 그은 끝점에 hip곡자 10 근처의 위치를 맞추고 0.3cm 추가하여 그린 옆선의 완성선 끝점과 연결하여 허리 완성선을 그린다.

4. 뒤 중심 완성선을 그리고 지퍼의 스티치 선을 그린다.

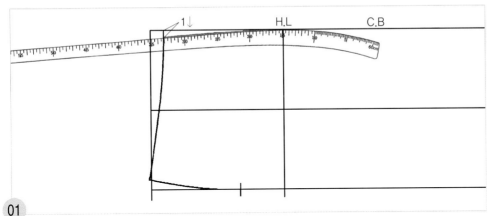

01

뒤 중심 쪽 허리 완성선 끝에서 1cm 내려와 표시하고 히프선에 hip곡자 20 근처의 위치를 맞추면서 1cm 내려와 표시한 점과 연결하여 히프선 위쪽 뒤 중심 완성선을 그린다.

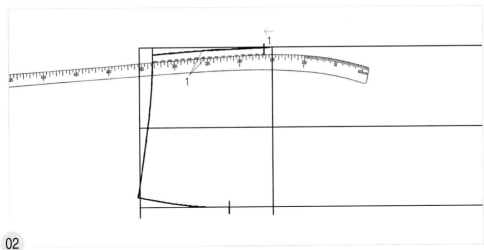

02

히프선에서 1cm 허리선 쪽으로 올라가 지퍼 트임 끝 위치를 표시하고 1cm 폭으로 뒤 중심선을 그릴 때 사용한 똑같은 hip곡자로 대고 지퍼 스티치 선을 그린다.

5. 히프선 위쪽 솔기선을 그린다.

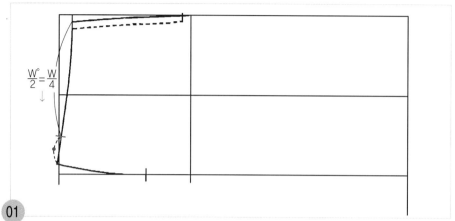

01

뒤 중심 쪽 허리 완성선 끝에서 W°/2=W/4 치수를 내려와 표시하고 남은 허리선의 분량이
다트 분량이다. 그러나 여기서는 다트로 처리하는 것이 아니라 솔기선으로 처리되므로 이하
솔기선이라고 해설한다.

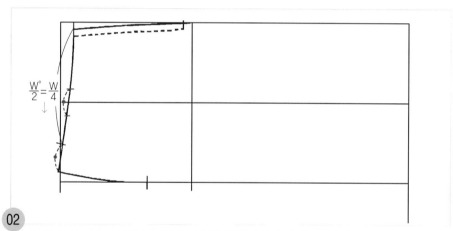

02

W°/2=W/4 치수를 제하고 남은 허리선의 분량(●)을 솔기 안내선에서 1/2씩 위아래로 나누
어 허리선 쪽 솔기선 위치를 표시한다.

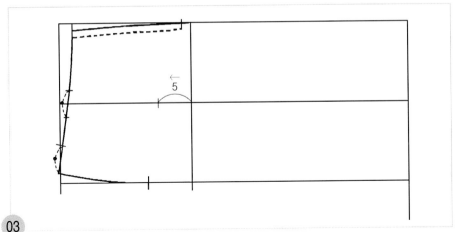

03 히프선에서 솔기선을 따라 허리선 쪽으로 5cm 올라가 히프선 위쪽 솔기선 끝점을 표시한다.

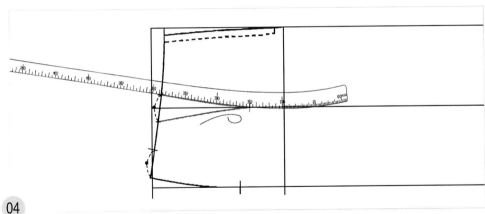

04 hip곡자가 히프선 위쪽 솔기선 끝점에서 1cm 솔기선에 닿으면서 허리선 쪽 솔기선 위치와 연결되
는 곡선을 찾아 맞추고 히프선 위쪽 솔기선을 그린다(즉, 솔기선 끝점에 hip곡자 15 위치를 맞추면
서 허리선 쪽 솔기선 위치와 연결한다).

6. 히프선 아래쪽 솔기선을 그린다.

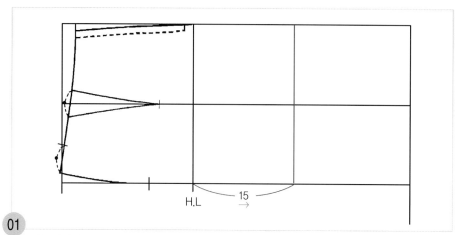

01

히프선에서 밑단 쪽으로 15cm 나가 플레어 포인트 위치를 표시하고 직각으로 뒤 중심선까
지 플레어 포인트 위치의 안내선을 그린다.

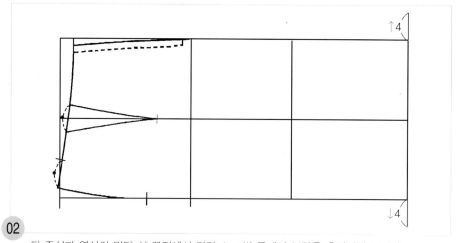

02

뒤 중심과 옆선의 밑단 선 끝점에서 각각 4cm씩 플레어 분량을 추가하여 그린다.

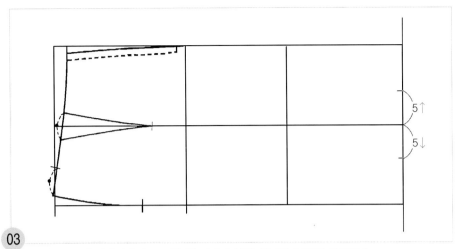

03 밑단 쪽 솔기 안내선에서 5cm씩 위 아래에 각각 플레어 분량을 표시한다.

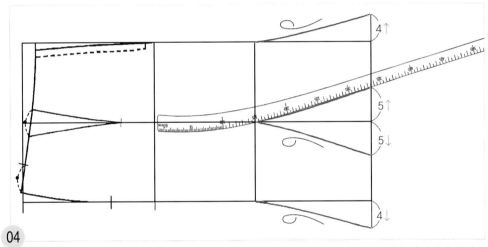

04 플레어 포인트에 hip곡자 15 위치를 맞추면서 밑단 선에 표시한 플레어 분량점과 연결하여 플레어 솔기선을 그린다.

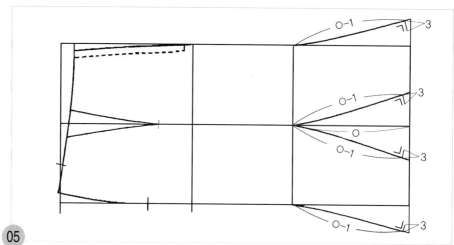

05 솔기 안내선의 플레어 포인트 점에서 밑단까지의 길이(○)를 재어, −1cm 한 길이를 각 플레어 솔기선을 따라 내려가 밑단 쪽 솔기선 끝점을 표시하고 직각으로 3cm 정도 밑단의 완성선을 그린다.

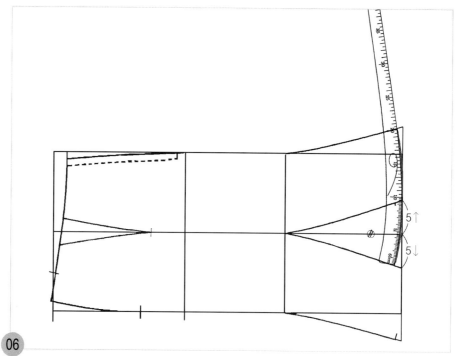

06 뒤 중심 솔기선에 3cm 직각으로 그린 선에 hip곡자 끝을 맞추면서 솔기 중심선에서 5cm 올라간 위치와 연결하여 밑단 선을 그린 다음, 솔기 중심선에서 5cm 내려온 hip곡자 끝 위치를 맞추면서 솔기 중심선에서 5cm 올라간 위치와 연결하여 밑단 선을 그린다.

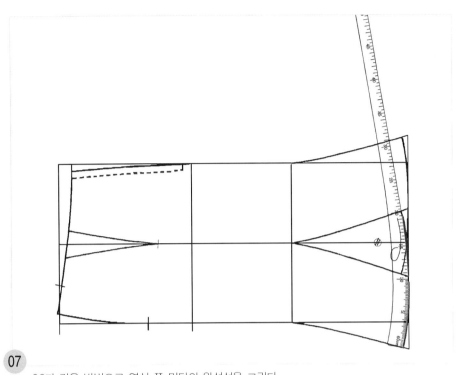

07 06과 같은 방법으로 옆선 쪽 밑단의 완성선을 그린다.

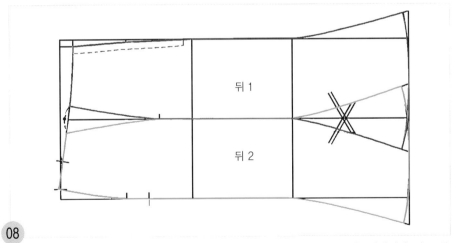

08 플레어 솔기선이 들어가면서 패턴이 겹쳐지는 선의 교차 표시를 한다. 적색선이 뒤 중심 쪽, 청색선이 뒤 옆선 쪽의 완성선이다.

앞 스커트 제도하기 ⋯⦁⋯

1. 기초선을 그린다.

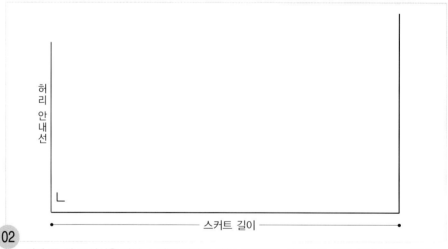

01 밑단 선 / 앞 중심선

직각자를 대고 앞 중심선을 그린 다음 직각으로 밑단 선을 그린다.

02 허리 안내선 / 스커트 길이

밑단 쪽 앞 중심선을 따라 스커트 길이를 재어 표시하고, 직각으로 허리 안내선을 그린다.

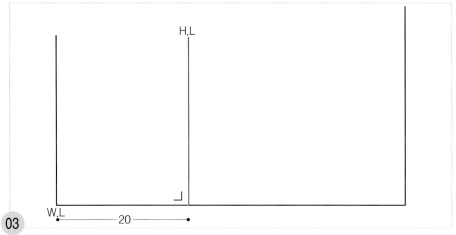

03 허리선 쪽 앞 중심선 끝에서 20cm 밑단 쪽으로 나가 직각으로 히프선을 그린다.

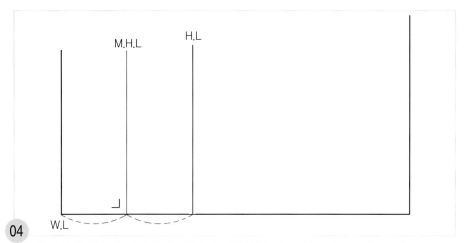

04 앞 중심 쪽 허리선과 히프선을 2등분하여 표시하고 직각으로 중 히프선을 그린다.

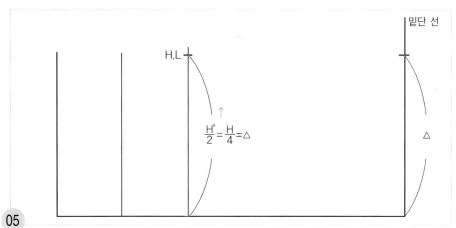

05 앞 중심선 쪽 히프선 끝에서 H°/2=H/4 치수를 올라가 히프선 끝점을 표시하고, 같은 치수를 밑단 선 쪽에도 표시한다.

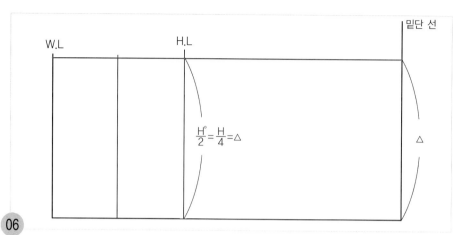

06 $\mathrm{H}^\circ/2=\mathrm{H}/4$ 치수를 재어 표시한 히프선 끝점과 밑단 선 끝점 두 점을 직선자로 연결하여 허리선까지 옆선의 안내선을 그린다.

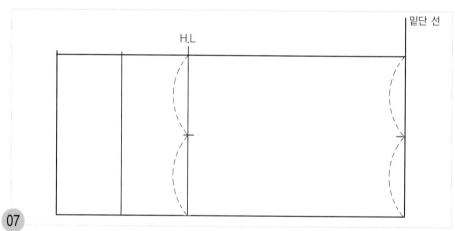

07 히프선과 밑단 선을 각각 2등분한다.

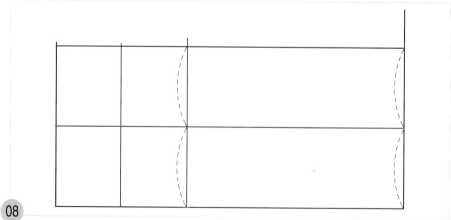

08 히프선과 밑단 선의 2등분한 두 점을 직선자로 연결하여 허리선까지 앞 중심과 옆선 사이의 솔기선을 그린다.

2. 히프선 위쪽 앞 중심선과 옆선의 완성선을 그린다.

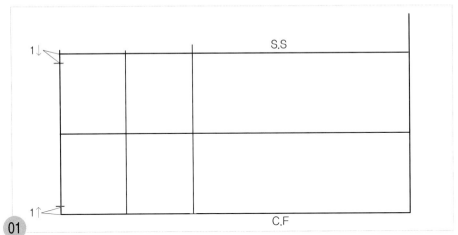

01

앞 중심선 쪽 허리선 끝에서 1cm 올라가 앞 중심 완성선을 그릴 통과점을 표시하고, 옆선
에서 1.5cm 내려와 옆선의 완성선을 그릴 통과점을 표시한다.

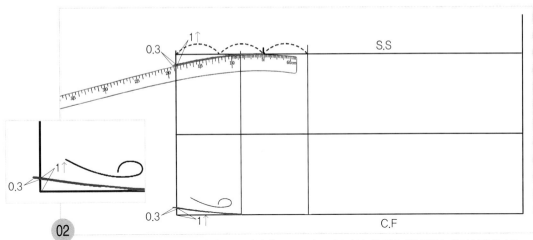

02

옆선 쪽 허리선에서 히프선의 2/3 지점에 hip곡자 5 근처의 위치를 맞추면서 허리선에서 1.5cm
내려와 표시한 통과점과 연결하여 옆선의 완성선을 허리선에서 0.3cm 추가하여 그리고, 앞 중심
선은 중 히프선에 hip곡자 5 근처의 위치를 맞추면서 허리선에서 1cm 올라가 표시한 점과 연결하
여 허리선에서 0.3cm 추가하여 앞 중심 완성선을 그린다.

3. 허리 완성선을 그리고 히프선 위쪽 솔기선을 그린다.

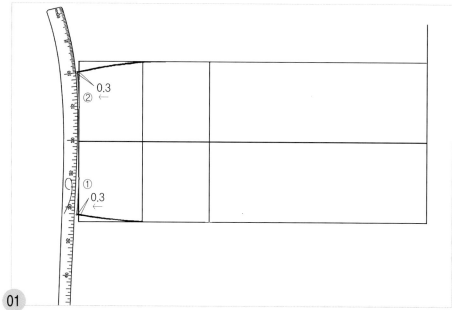

0.3cm 추가하여 그린 앞 중심선과 옆선의 완성선 끝점에 hip곡자 10 위치를 맞추면서 허리선 쪽 솔기 중심선과 연결하여 허리 완성선을 그린다. 이때 ① 앞 중심선 쪽 허리선부터 그리고 ② 자를 수직 반전하여 옆선 쪽 허리선을 그린다.

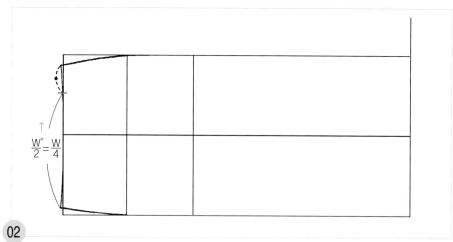

앞 중심 쪽 허리 완성선 끝에서 $W^\circ/2 = W/4$ 치수를 올라가 표시하고 남은 허리선의 분량이 허리선 솔기 분량이다.

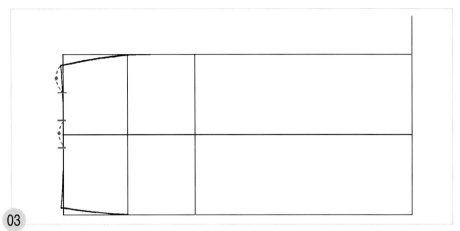

03 W°/2=W/4 치수를 제하고 남은 허리선의 분량을 솔기선에서 1/2씩 위아래로 나누어 허리
선 쪽 솔기점 위치를 표시한다.

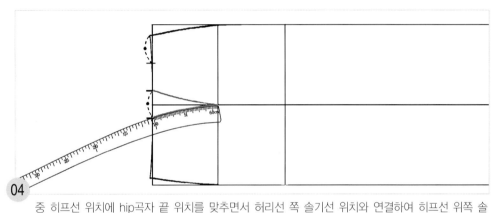

04 중 히프선 위치에 hip곡자 끝 위치를 맞추면서 허리선 쪽 솔기선 위치와 연결하여 히프선 위쪽 솔
기선을 그린다.

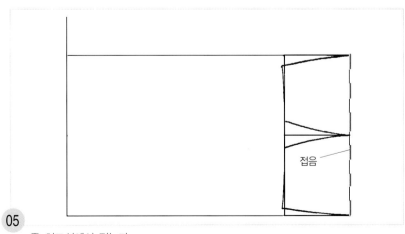

접음

05 중 히프선에서 접는다.

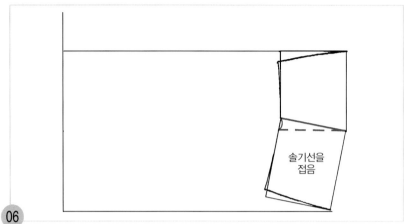

솔기선을
접음

06 솔기선끼리 마주 대어 솔기 분량을 접는다.

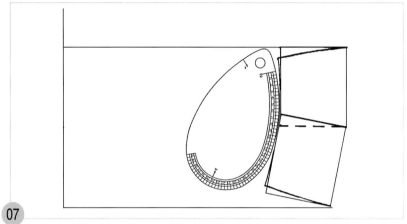

07 솔기 분량을 접어 각진 부분을 뒤 AH자로 연결하여 자연스런 곡선으로 수정하고, 룰렛으로 눌러 표시한다.

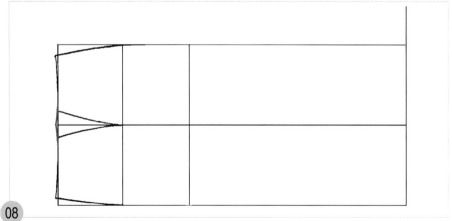

08 접었던 솔기 분량을 다시 펴서 룰렛으로 눌러 표시한 선을 보면 솔기 중심선이 올라가게 된다. 올라간 선이 허리 완성선이 된다.

4. 히프선 아래쪽 솔기선을 그린다.

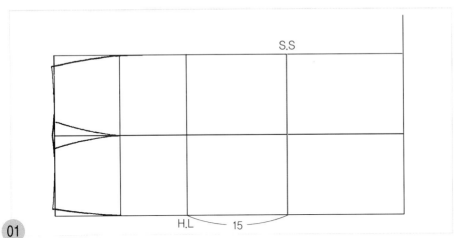

01

히프선에서 밑단 쪽으로 15cm 나가 플레어 포인트 위치를 표시하고 직각으로 옆선까지 플레어 포인트 안내선을 그린다.

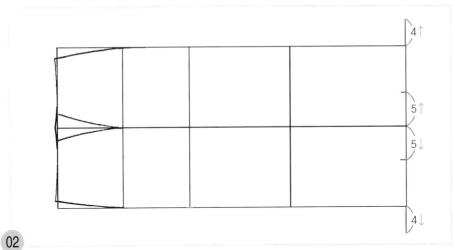

02

앞 중심과 옆선의 밑단 선 끝에서 각각 4cm씩 플레어 분량을 추가하여 그리고 솔기 안내선에서 위아래 각각 5cm씩 플레어 분량을 표시한다.

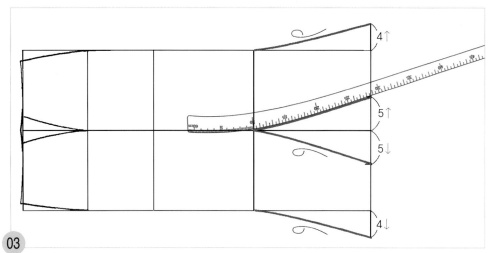

03 플레어 포인트에 hip곡자 15 근처의 위치를 맞추면서 밑단 선에 표시한 플레어 분량점과 연결하여 플레어 솔기선을 그린다.

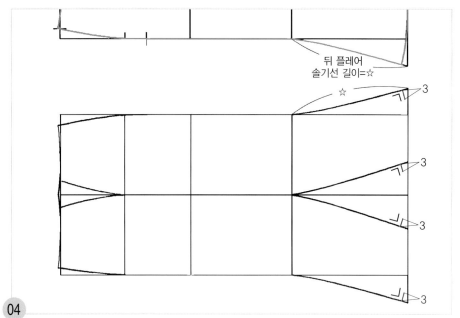

04 뒤 스커트의 플레어 솔기선 길이를 재어 같은 치수를 앞 스커트의 각 플레어 포인트 점에 서 플레어 솔기선을 따라 내려가 밑단 쪽 솔기선 끝점을 표시하고 직각으로 3cm 정도 밑 단의 완성선을 그린다.

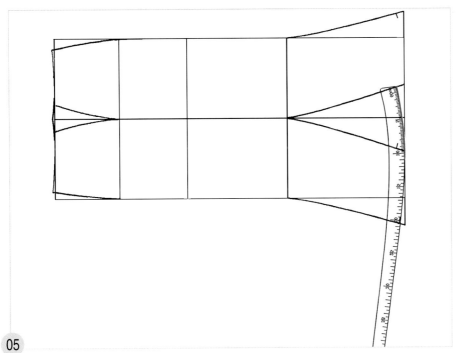

05 솔기 중심선에서 5cm 올라가 솔기선의 3cm 직각으로 그린 선에 hip곡자 끝 위치를 맞추면서 솔기 중심선에서 5cm 내려온 위치와 연결하여 밑단의 완성선을 그린다.

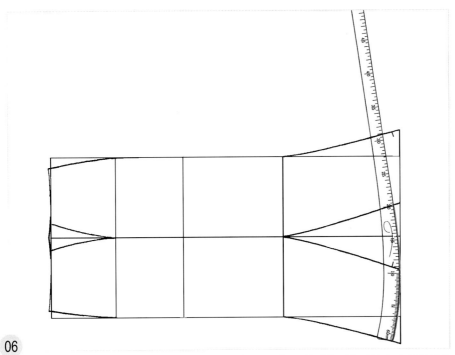

06 앞 중심 쪽 솔기선에 3cm 직각으로 그린 선에 hip곡자 끝 위치를 맞추면서 솔기 중심선에서 5cm 내려온 위치와 연결하여 밑단의 완성선을 그린다.

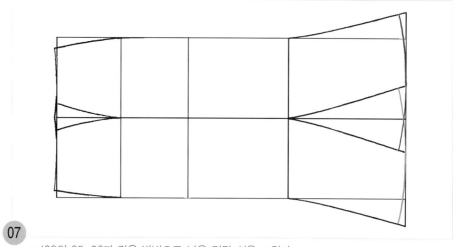

07 p.109의 05, 06과 같은 방법으로 남은 밑단 선을 그린다.

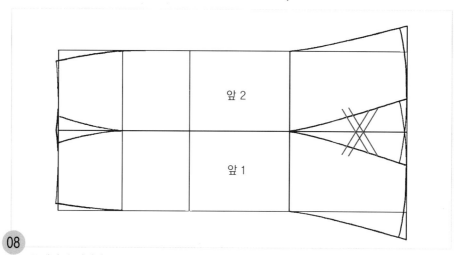

앞 2

앞 1

08 플레어 솔기선이 들어가면서 패턴이 겹쳐지는 선의 교차 표시를 한다.

5. 앞뒤 스커트의 각 쪽 완성선을 오려낸다.

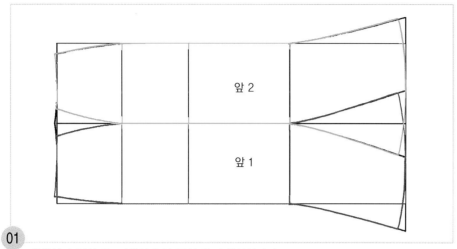

01

청색선이 옆선 쪽, 적색선이 앞 중심 쪽의 완성선이다.

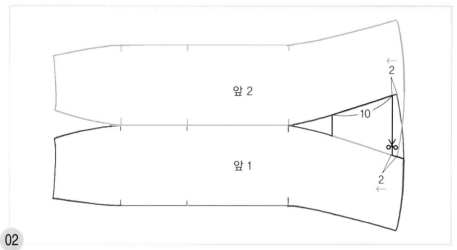

02

검정색 선을 따라 플레어 포인트까지 자르고 플레어 포인트에서 허리선까지 솔기선을 따라
오려낸다.

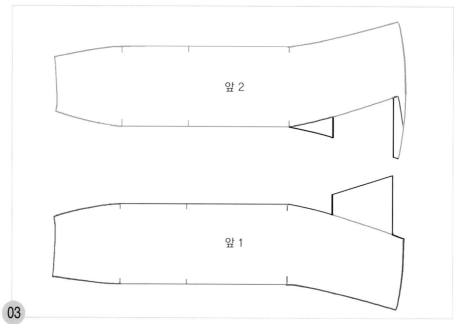

03 앞 1과 앞 2 쪽이 분리된 상태이다.

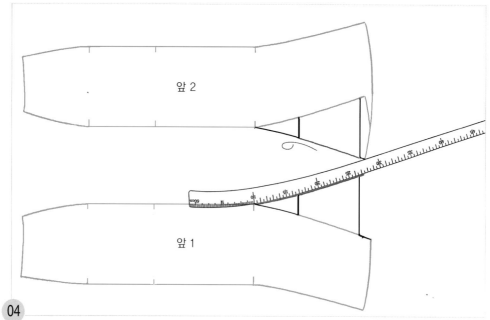

04 앞 1 쪽과 앞 2 쪽의 플레어 솔기선 밑쪽에 새 패턴지를 잘라 붙이고 앞 1 쪽과 앞 2 쪽의 끊어진 솔기선을 플레어 선을 그릴 때 사용한 똑같은 hip곡자로 대고 솔기선을 그린다.

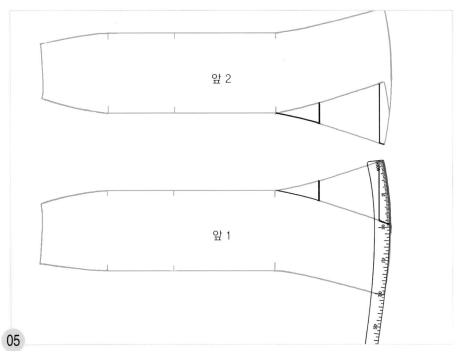

05 앞 1 쪽의 밑단의 완성선을 원래의 완성선으로 그린다.

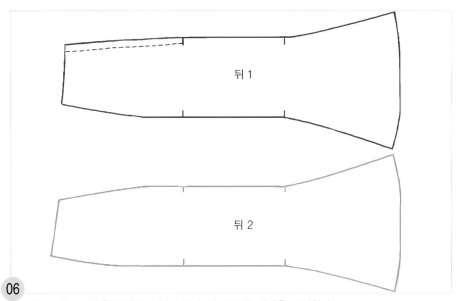

06 뒤 스커트도 같은 방법으로 뒤 1 쪽과 뒤 2 쪽의 패턴을 분리한다.

허리 벨트 그리기 ⋯⋮⋯

(p.58 참조)

세미플레어 스커트 Semiflare Skirt...

■■■ S.K.I.R.T 05|

 ●●● 허리선에서 밑단 쪽을 향해 넓게 퍼지는 실루엣이기 때문에 움직임이 아름다운 스커트이다. 소재 선택이나 플레어의 분량을 달리 하면 여러 실루엣으로 표현할 수 있다.

 ●●● 플레어를 균일하게 내기 위해서는 경사와 위사의 탄력이나 질감이 같은 것을 선택하는 것이 좋다. 화섬의 더블 조젯이나 면 새틴, 신축성이 있는 몽탁 등을 선택하면 실패하지 않는다.

세미 플레어
스커트의 제도 순서

제도 치수 구하기 ⋯⋯▶

계측 치수		제도 각자 사용 시의 제도 치수	일반 자 사용 시의 제도 치수
허리 둘레(W)	68cm	W° = 34	W / 4 = 17
엉덩이 둘레(H)	94cm	H° = 47	H / 4 = 23.5
스커트 길이	53cm (벨트 제외)		53cm

실루엣 선 제도하기 ⋯⋯▶

1. 기초선을 그린다.

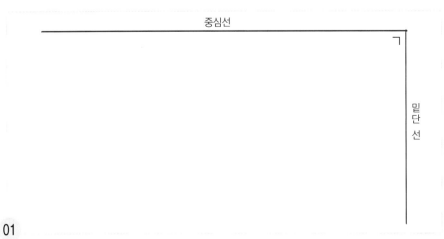

01

직각자를 대고 중심선을 그린 다음 직각으로 밑단 선을 그린다.

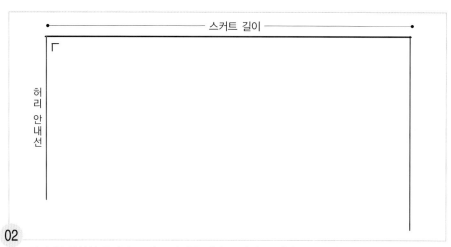

02

밑단 쪽 중심선 끝에서 스커트 길이를 재어 표시하고, 직각으로 허리 안내선을 그린다.

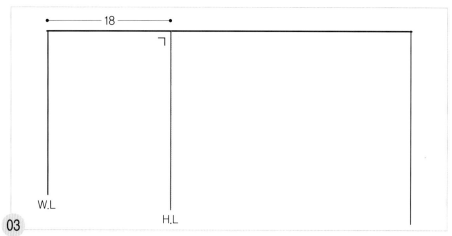

03

허리선 쪽 중심선 끝에서 18cm 밑단 쪽으로 나가 히프선 위치를 표시하고 직각으로 히프선을 그린다.

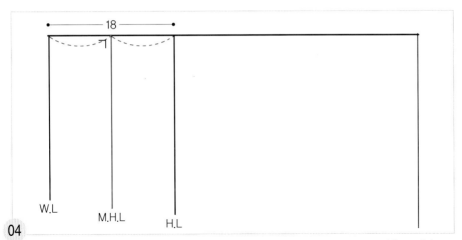

04

허리선과 히프선을 2등분하여 중 히프선 위치를 표시하고 직각으로 중 히프선을 그린다.

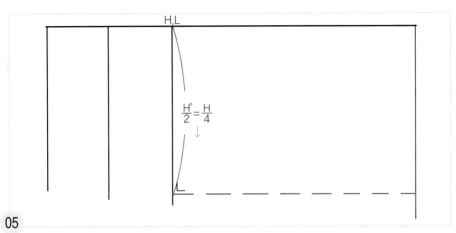

05

뒤 중심선 쪽 히프선에서 H°/2=H/4 치수를 내려와 히프선 끝점을 표시하고 직각으로 밑단 선까지 점선으로 그린다.

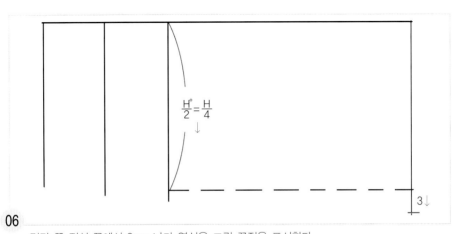

06

밑단 쪽 점선 끝에서 3cm 나가 옆선을 그릴 끝점을 표시한다.

2. 옆선과 밑단 선의 완성선을 그린다.

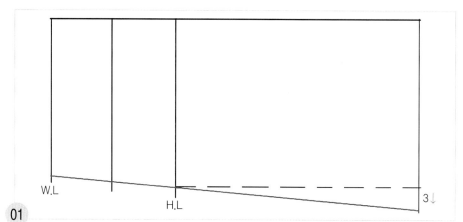

01

밑단 선 쪽에서 3cm 내려와 표시한 점과 히프선 끝점의 두 점을 직선자로 연결하여 허리
선까지 옆선을 그린다.

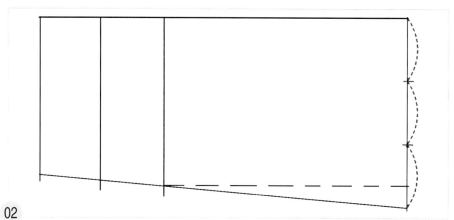

02

밑단 선을 3등분한다.

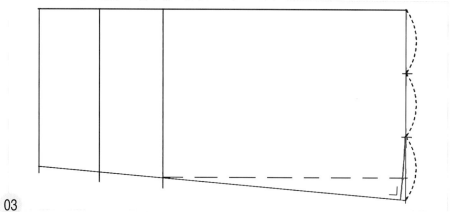

03

밑단 쪽 옆선에 직각자를 밑단 선의 1/3점과 만나는 위치와 연결하여 직각으로 밑단 선을 그린다.

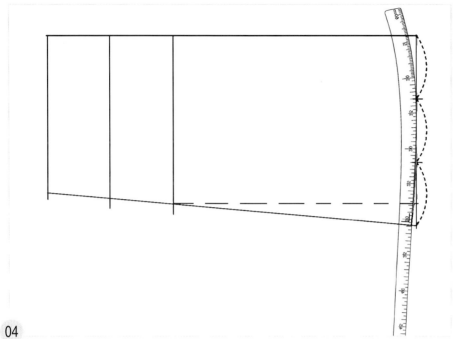

04
　밑단 선의 1/3 지점에 각진 곳을 자연스런 곡선으로 수정한다(즉, 중심 쪽 1/3 지점에 hip곡
자 13 위치를 맞추고 연결한다).

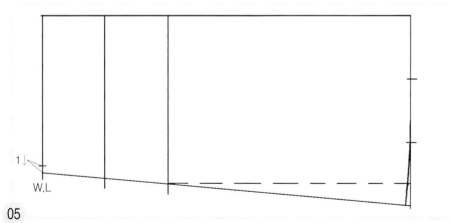

05
　옆선 쪽 허리선 끝에서 1cm 올라가 옆선의 완성선을 그릴 통과점을 표시한다.

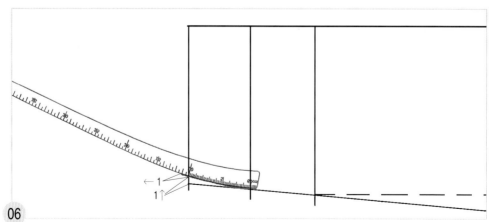

06

중 히프선에 hip곡자의 5 근처를 맞추면서 허리선에서 1cm 올라가 표시한 통과점과 연결하여 히
프선 위쪽 옆선의 완성선을 허리선에서 1cm 추가하여 그린다.

3. 허리 완성선을 그리고 절개선과 다트를 그린다.

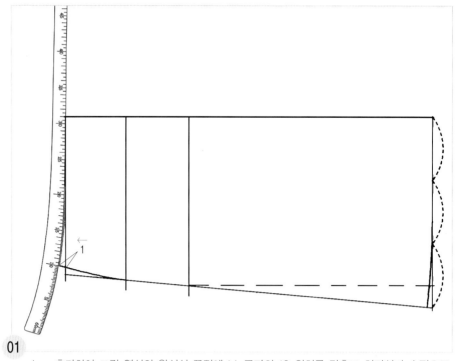

01

1cm 추가하여 그린 옆선의 완성선 끝점에 hip곡자의 10 위치를 맞추고 허리선과 수평으로
연결되는 곡선으로 맞추어 허리 완성선을 그린다.

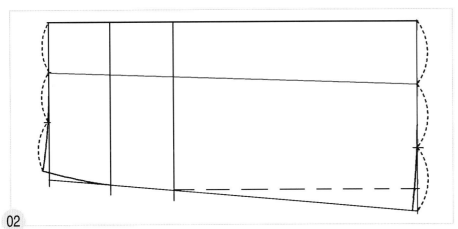

02

허리 완성선을 3등분하여 1/3 지점과 밑단 선의 1/3 지점을 직선자로 연결하여 절개선을 그린다.

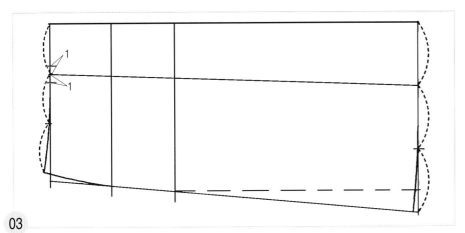

03

허리선 쪽의 절개선 위치에서 좌우로 1cm씩 나가 허리선 쪽 다트 위치를 표시한다.

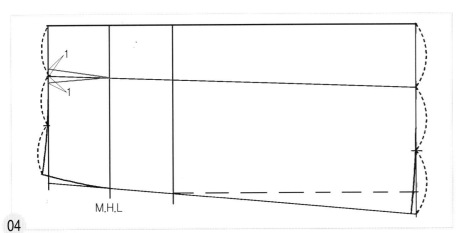

04

절개선의 중 히프선 위치를 다트 끝점으로 하여 허리선 쪽 다트 위치와 직선자로 연결하여
다트 완성선을 그린다.

4. 절개선을 자르고 다트를 접어 플레어 분량을 정한다.

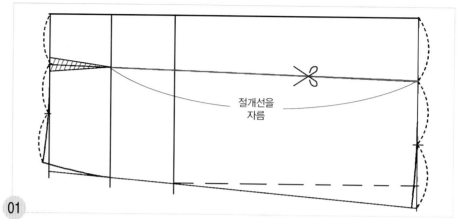

절개선을
자름

01

밑단 선 쪽에서 다트 끝점까지의 절개선을 가위로 자른다.

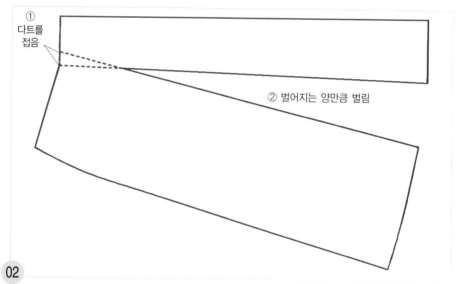

① 다트를 접음

② 벌어지는 양만큼 벌림

02

다트량을 접어 밑단 쪽에서 벌어지는 양만큼 벌려 실루엣 선을 완성한다.

1. 절개한 실루엣 선 패턴을 옮겨 뒤 스커트를 완성한다.

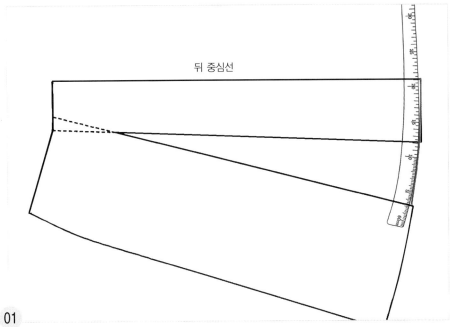

뒤 중심선

01

절개한 실루엣 선을 옮겨 그리고 뒤 중심 쪽 밑단 선 끝에서 직각을 유지하면서 뒤 중심 쪽
절개선 위치에 hip곡자 12 위치를 맞추어 옆선 쪽 절개선 위치까지 밑단 선을 그린다.

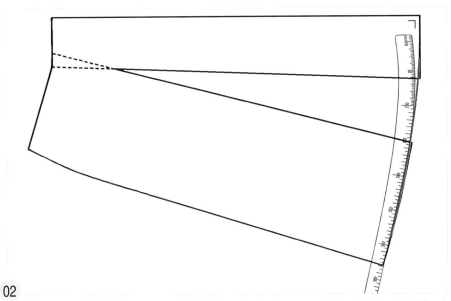

02

01에서 그린 뒤 중심 쪽 절개선 위치의 밑단 선에 hip곡자 15 위치를 맞추어 밑단 선을 자
연스런 곡선으로 그린다.

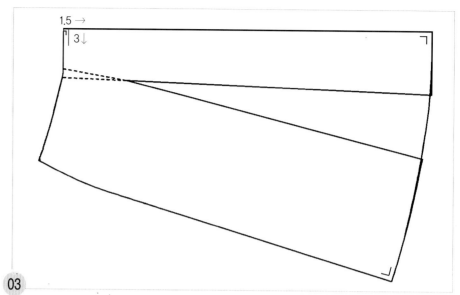

03
뒤 중심 쪽 허리선 끝에서 1.5cm 나가 직각으로 3cm 허리 완성선을 내려 그린다.

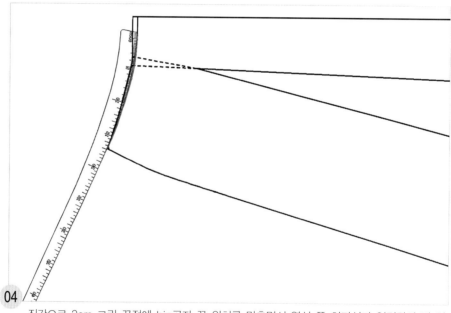

04
직각으로 3cm 그린 끝점에 hip곡자 끝 위치를 맞추면서 옆선 쪽 허리선과 연결하여 뒤 허리 완성선을 그린다.

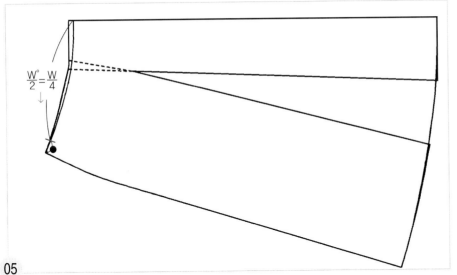

05

뒤 중심 쪽에서 허리 완성선을 따라 W°/2=W/4 치수를 내려와 표시하고 남은 허리선의 분량이 다트량이다.

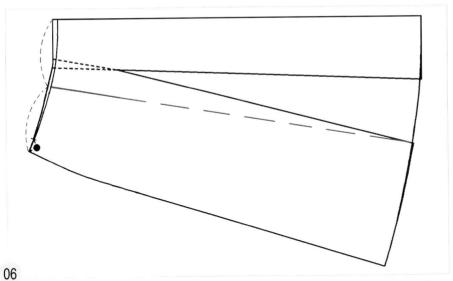

06

뒤 허리 완성선을 2등분하고 밑단 쪽 절개선 위치와 직선자로 연결하여 다트 중심선을 그린다.

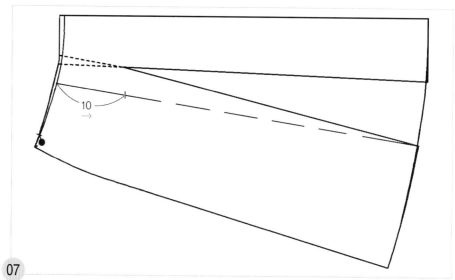

07
허리 완성선에서 다트 중심선을 따라 10cm 나가 다트 끝점을 표시한다.

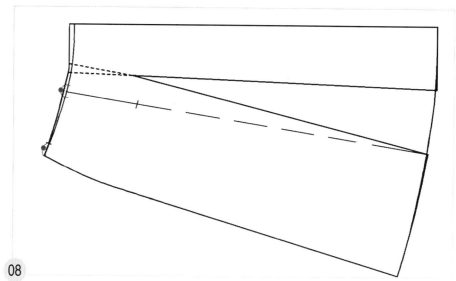

08
허리선에서 W°/2=W/4 치수를 제하고 남은 허리선의 분량(●)을 다트 중심선에서 1/2씩 위 아래로 나누어 허리선 쪽 다트 위치를 표시한다.

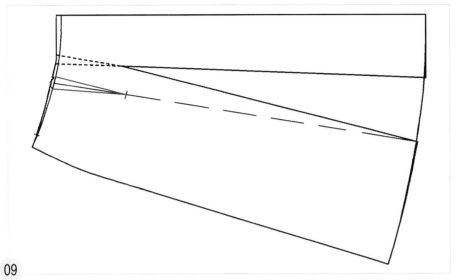

09

다트 끝점과 허리선 쪽 다트 위치를 직선자로 연결하여 다트 완성선을 그린다.

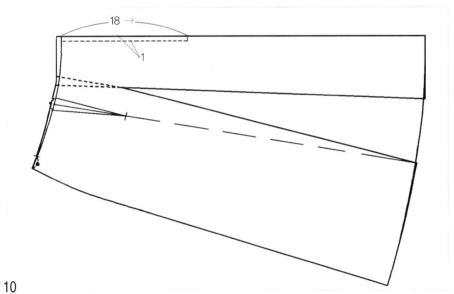

10

뒤 중심 쪽 허리 완성선 끝에서 18cm 나가 지퍼 트임 끝 위치를 표시를 하고, 1cm 폭으로 지퍼 다는 곳의 스티치 선을 그린다.

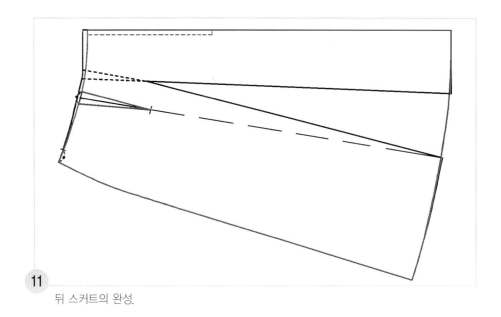

11

뒤 스커트의 완성.

앞 스커트의 제도 완성하기 ···∴·

1. 절개한 실루엣 선 패턴을 수직 반전하여 옮기고 앞 스커트를 완성한다.

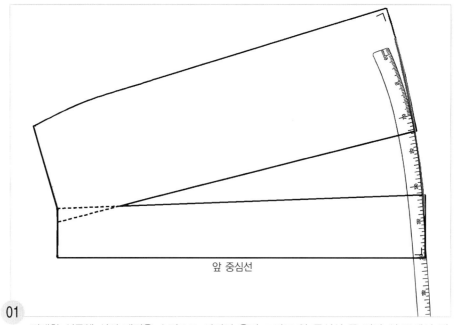

앞 중심선

01

절개한 실루엣 선의 패턴을 수직으로 뒤집어 옮겨 그리고 앞 중심선 쪽 밑단 선 끝에서 직
각을 유지하면서 절개선과 연결되는 hip곡자로 맞추어 밑단 선을 자연스런 곡선으로 수정
한다(p.123 참조).

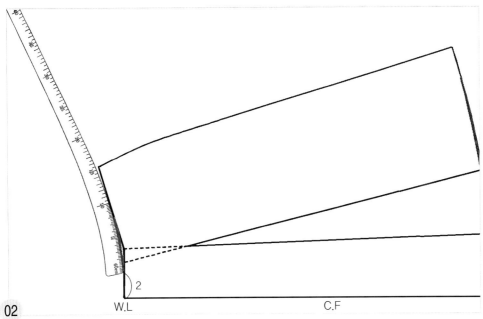

02 절개한 실루엣 선의 허리선 쪽 다트를 접은 각진 곳을 자연스런 곡선으로 수정한다(즉, 앞 중심 쪽 허리선 끝에서 2cm 내려온 곳에 hip곡자 끝 위치를 맞추면서 옆선 쪽 허리선 끝점과 연결하면 자연스런 곡선으로 수정된다).

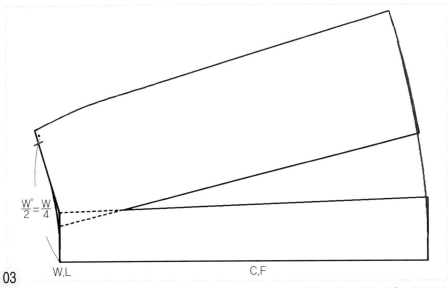

03 앞 중심선 쪽에서 허리 완성선을 따라 $W°/2=W/4$ 치수를 내려와 표시하고 남은 허리선의 분량이 다트량(●)이 된다.

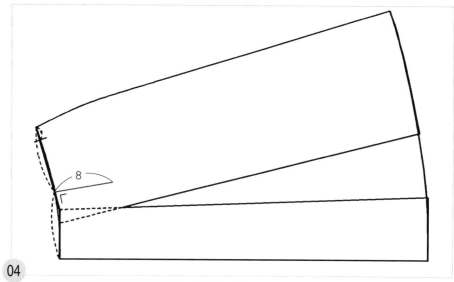

04
허리 완성선을 2등분하여 2등분한 곳에서 직각으로 8cm 다트 중심선을 그린다.

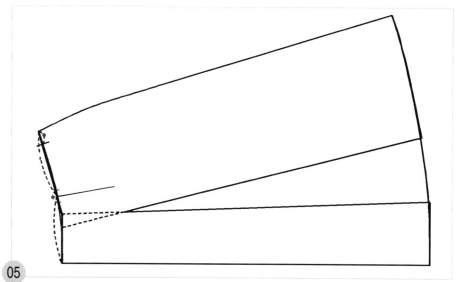

05
$W°/2=W/4$ 제하고 남은 허리선의 분량(●)을 다트 중심선에서 1/2씩 위아래로 나누어 허리선 쪽 다트 위치를 표시한다.

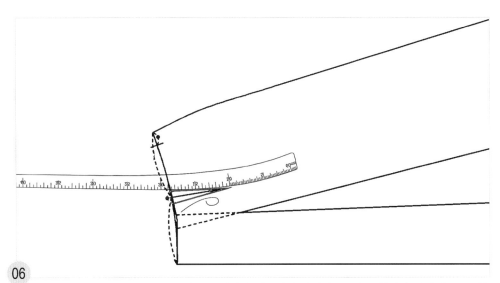

06 hip곡자가 다트 끝점에서 1cm 다트 중심선에 닿으면서 허리선 쪽 다트 위치와 연결되는 곡선을 찾아 맞추고 다트 완성선을 그린다.

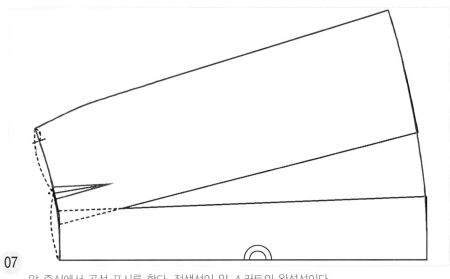

07 앞 중심에서 골선 표시를 한다. 적색선이 앞 스커트의 완성선이다.

허리 벨트 그리기 ····▷

(p.58 참조)

180도 플레어 스커트 Semicircular Skirt...

■■■ S.K.I.R.T 06

스타일 ●●● 허리만을 피트시키고 허리선에서 밑단 쪽을 향해 반원으로 넓게 퍼지는 실루엣이기 때문에 단 쪽이 나팔꽃같이 퍼져 움직임이 아름다운 스커트이다.

소 재 ●●● 경사와 위사의 탄력이나 질감이 같은, 톡톡하게 짜여진 부드러운 천을 선택하는 것이 좋다. 울 소재라면 플라노, 더블 조젯, 색서니 등이 적합하고, 면 소재라면 새틴, 화섬의 경우는 용도에 따라서 얇은 것에서 두꺼운 것까지 다양하게 선택할 수 있다.

180도 플레어 스커트의 제도 순서

제도 치수 구하기 ⋯⋯

계측 치수		제도 각자 사용 시의 제도 치수	일반 자 사용 시의 제도 치수
허리 둘레(W)	68cm	W° = 34	W / 4 = 17
엉덩이 둘레(H)	94cm	H° = 47	H / 4 = 23.5
스커트 길이	53cm (벨트 제외)	53cm	

앞 스커트 제도하기 ⋯⋯

1. 기초선을 그린다.

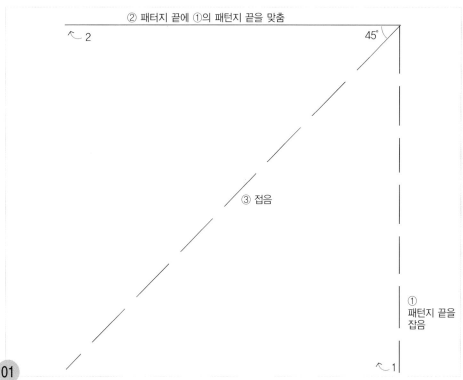

② 패터지 끝에 ①의 패턴지 끝을 맞춤

2

45°

③ 접음

①
패턴지 끝을
잡음

1

01

90° 각도의 패턴지 1의 선을 2의 선과 일치하도록 맞추어 45° 각도가 되도록 바이어스 방향으로 접는다.

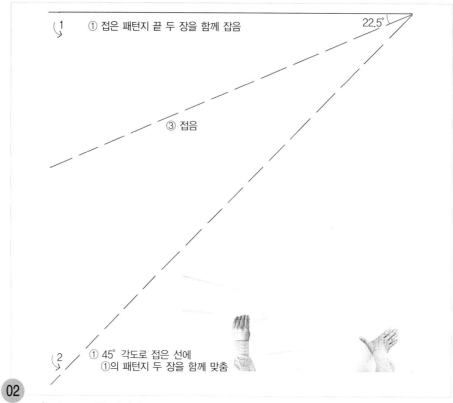

① 접은 패턴지 끝 두 장을 함께 잡음   22.5°

③ 접음

① 45° 각도로 접은 선에
①의 패턴지 두 장을 함께 맞춤

02

45° 각도로 접은 패턴 1 쪽의 두 장을 함께 잡고 2의 선과 일치하도록 맞추어 22.5°의 각도가 되도록 다시 한 번 바이어스 방향으로 접는다.

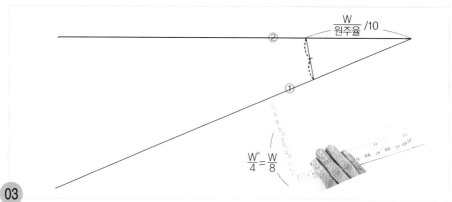

$\dfrac{W}{원주율}/10$

②

④

$\dfrac{W°}{4} = \dfrac{W}{8}$

03

1과 2의 선 간격이 W°/4=W/8 치수가 맞닿는 곳을 직선자로 연결하여 허리선 안내선을 그리고 2등분한다(또는 허리 둘레 치수×원주율/10 치수를 꼭지점에서 내려와 허리선을 정해도 된다).

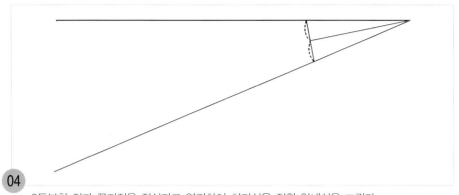

04

2등분한 점과 꼭지점을 직선자로 연결하여 허리선을 정할 안내선을 그린다.

2. 허리선과 밑단의 완성선을 그리고 오려내어 앞 스커트를 완성한다.

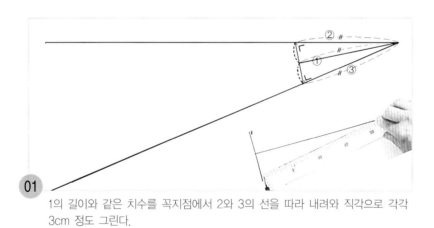

01

1의 길이와 같은 치수를 꼭지점에서 2와 3의 선을 따라 내려와 직각으로 각각 3cm 정도 그린다.

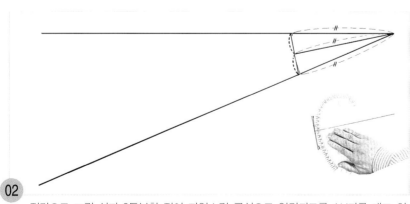

02

직각으로 그린 선과 2등분한 점이 자연스런 곡선으로 연결되도록 AH자를 대고 허리 완성선을 그린다.

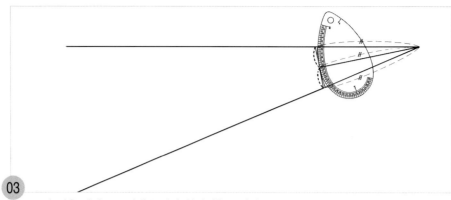

03 02와 같은 방법으로 반대쪽 허리 완성선을 그린다.

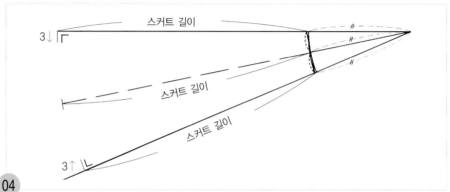

스커트 길이

3↓

스커트 길이

스커트 길이

3↑

04 허리 완성선에서 스커트 길이를 재어 밑단 선 표시를 하고 직각으로 3cm 그린 다음 2등분한 위치에도 스커트 길이를 내려와 표시해 둔다.

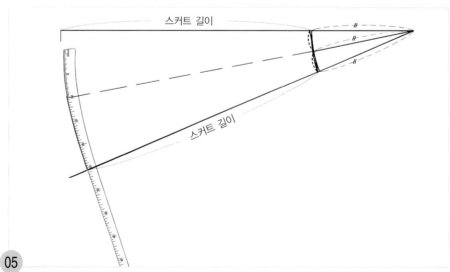

스커트 길이

스커트 길이

05 직각으로 3cm 그린 선과 1/2 위치가 이어지는 hip곡자로 맞추어 밑단의 완성선을 그린다 (즉, 1/2 위치에 hip곡자 10 위치를 맞추면서 직각으로 3cm 그린 끝점과 연결한다).

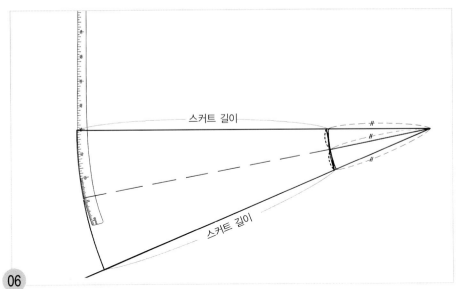

06 05와 같은 방법으로 남은 밑단 선을 완성한다.

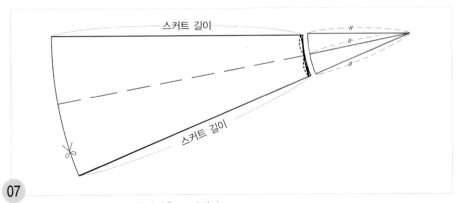

07 허리 완성선과 밑단의 완성선을 오려낸다.

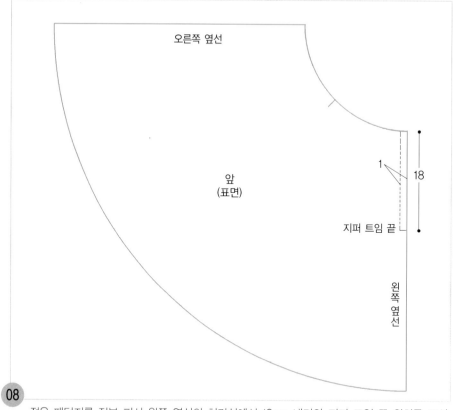

오른쪽 옆선

앞
(표면)

1

18

지퍼 트임 끝

왼쪽
옆선

08

접은 패턴지를 전부 펴서 왼쪽 옆선의 허리선에서 18cm 내려와 지퍼 트임 끝 위치를 표시
하고 1cm 폭의 지퍼 스티치 선을 그려 앞 스커트를 완성한다.

뒤 스커트 제도하기 ····▸

1. 앞 스커트의 완성선을 새 패턴지에 옮겨 그린다.

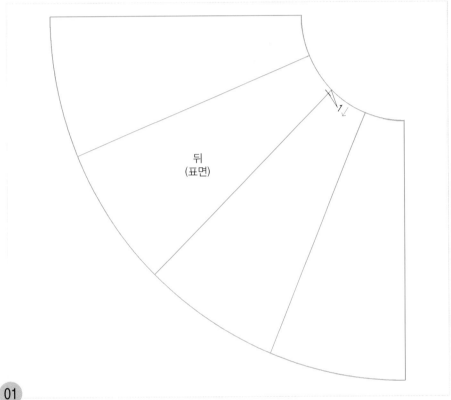

뒤
(표면)

01

앞 스커트의 완성선을 새 패턴지에 옮겨 그리고 허리 완성선의 앞 중심점에서 1cm 내려와
좌우 2cm 정도의 직각선을 그린다.

🈺 여기서는 설명의 편의상 새 패턴지에 옮겨 그리라고 설명하고 있으나, 실제 현장에서는
앞판 그대로 사용하여 허리선을 수정하고 앞판을 재단한 후 뒤 스커트의 허리선에 맞추
어 오려내고 사용한다.

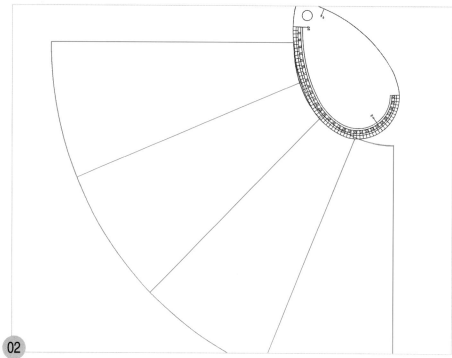

02
앞 스커트의 양쪽 옆선 쪽 허리선 끝이 직각을 유지하면서 1cm 내려온 점과 자연스런 곡선
으로 이어지도록 AH자로 연결하여 뒤 스커트의 허리 완성선을 그린다.

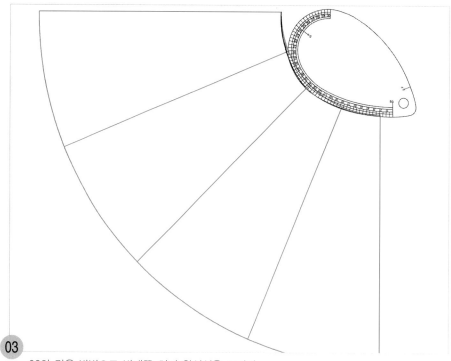

03
02와 같은 방법으로 반대쪽 허리 완성선을 그린다.

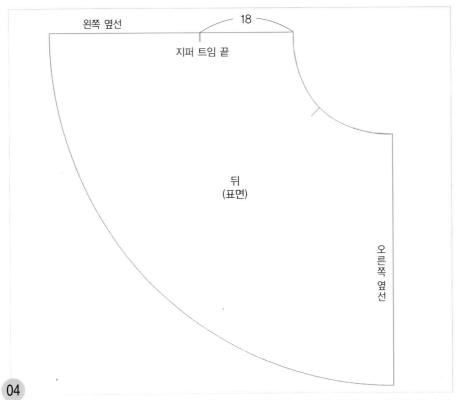

왼쪽 옆선

18

지퍼 트임 끝

뒤
(표면)

오른쪽 옆선

04

왼쪽 옆선 쪽 허리선에서 18cm 밑단 쪽으로 나가 지퍼 트임 끝 위치를 표시하여 뒤 스커트를 완성한다.

허리 벨트 그리기

(p.58 참조)

앞 주름 스커트 Front Pleat Skirt...

■■■ S.K.I.R.T

스타일 ●●● 세미타이트 스커트 실루엣을 변형시켜 앞면에만 3개의 주름을 넣은 A라인 스커트이다. 소재나 주름 잡는 법, 주름 폭, 스커트 길이에 따라서 정장의 느낌으로 착용할 수 있고, 코디하기에 따라서는 캐주얼하게도 착용할 수 있는 스타일이다.

소재 ●●● 주름을 잡은 곳은 천이 겹쳐지기 때문에 얇거나 중간 두께의 가벼우면서 주름이 잘 풀리지 않는 열가소성이 있는 폴리에스테르 혼방의 것이 좋다.

Front Pleat Skirt
앞 주름 스커트의 제도 순서

제도 치수 구하기 ····❖

계측 치수		제도 각자 사용 시의 제도 치수	일반 자 사용 시의 제도 치수
허리 둘레(W)	68cm	W° = 34	W / 4 = 17
엉덩이 둘레(H)	94cm	H° = 47	H / 4 = 23.5
스커트 길이	53cm (벨트 제외)	53cm	

뒤 스커트 제도하기 ····❖

1. 기초선을 그린다.

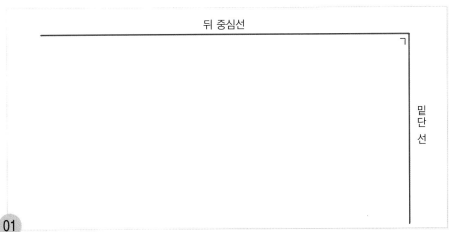

뒤 중심선

밑단선

01

직각자를 대고 뒤 중심선을 그린 다음 직각으로 밑단 선을 그린다.

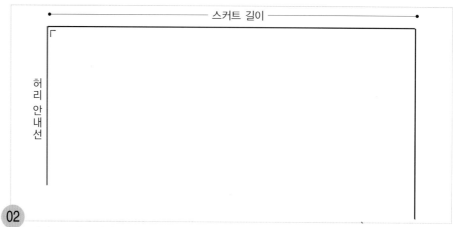

02

밑단 쪽 뒤 중심선 끝에서 뒤 중심선을 따라 스커트 길이를 재어 표시하고, 직각으로 허리 안내선을 그린다.

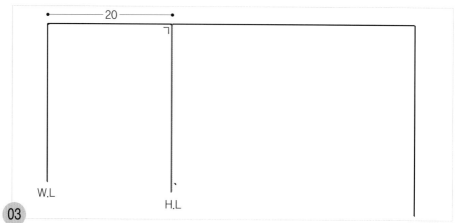

03

허리선 쪽 뒤 중심선 끝에서 뒤 중심선을 따라 밑단 쪽으로 18cm 나가 직각으로 히프선을 그린다.

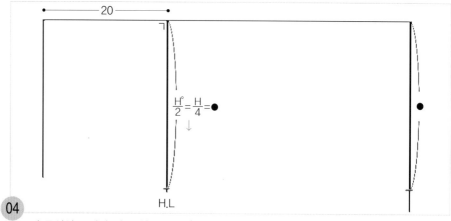

04

뒤 중심선 쪽에서 히프선을 따라 $\frac{H°}{2}=H/4$ 치수를 내려와 히프선 끝점의 표시를 하고, 같은 치수를 재어 밑단 선 쪽에도 표시한다.

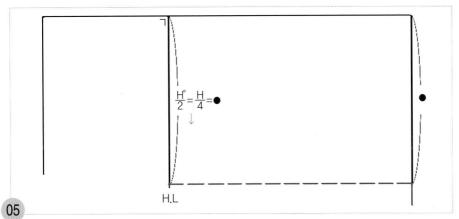

05

$\dfrac{H°}{2}=H/4$ 치수를 내려와 표시한 두 점을 직선자로 연결하여 점선으로 그린다.

2. 옆선과 밑단 선을 그린다.

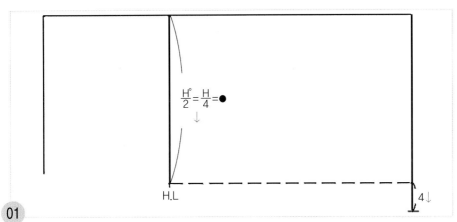

01

점선으로 그린 밑단 쪽에서 4cm 내려와 옆선을 그릴 끝점을 표시한다.

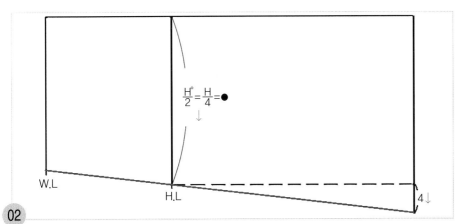

02

밑단 선 쪽에서 4cm 내려와 표시한 끝점과 히프선 끝점 두 점을 직선자로 연결하여 허리
선까지 옆선을 그린다.

앞 주름 스커트 ● Front Pleat Skirt **145**

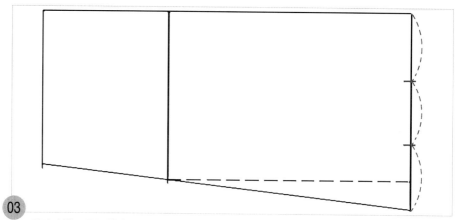

03 밑단 선을 3등분한다.

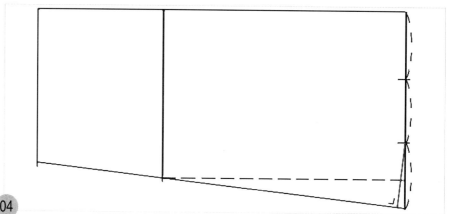

04 밑단 쪽 옆선에 직각자를 밑단 선의 1/3 지점과 만나는 위치와 연결하여 직각으로 밑단 선을 그린다.

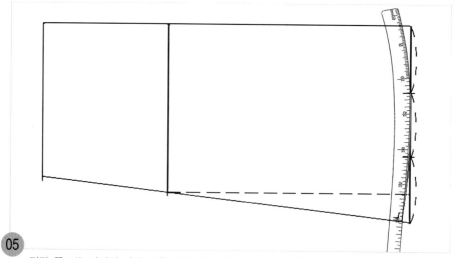

05 밑단 쪽 1/3 지점의 각진 곳을 자연스런 곡선으로 수정한다(즉, 뒤 중심 쪽 밑단 선 1/3 위치에 hip곡자 12 위치를 맞추면서 옆선 쪽 밑단 선과 연결한다).

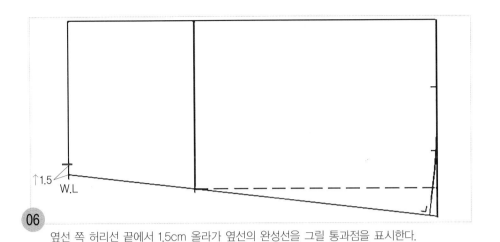

06 옆선 쪽 허리선 끝에서 1.5cm 올라가 옆선의 완성선을 그릴 통과점을 표시한다.

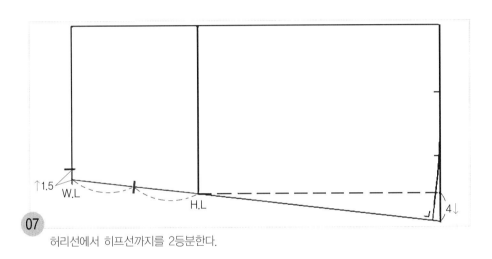

07 허리선에서 히프선까지를 2등분한다.

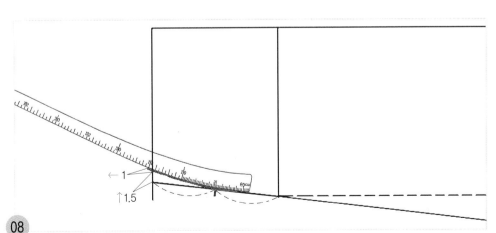

08 허리선에서 히프선까지의 1/2 위치에 hip곡자 5 근처의 위치를 맞추면서 허리선에서 1.5cm 올라
가 표시한 점과 연결하여 히프선 위쪽 옆선의 완성선을 허리선에서 1cm 추가하여 그린다.

3. 허리 완성선을 그리고 다트를 그린다.

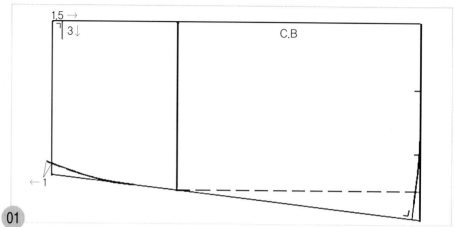

01 뒤 중심 쪽 허리 안내선 끝에서 1.5cm 스커트 밑단 쪽으로 나가 직각으로 3cm 허리 완성선을 내려 그린다.

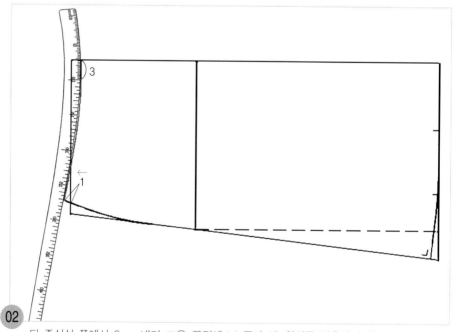

02 뒤 중심선 쪽에서 3cm 내려 그은 끝점에 hip곡자 10 위치를 맞추면서 옆선 쪽에서 1cm 추가한 점과 연결하여 허리 완성선을 그린다.

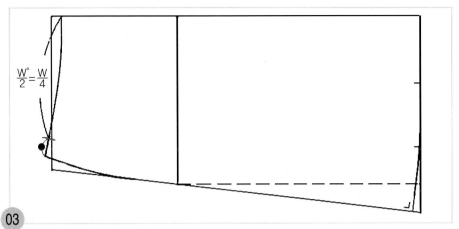

03 뒤 중심선 쪽에서 허리 완성선을 따라 $W°/2=W/4$ 치수를 내려와 표시하고 남은 허리선의 분량(●)이 다트량이다.

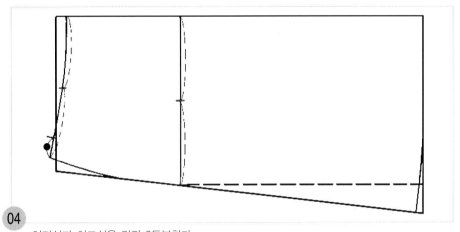

04 허리선과 히프선을 각각 2등분한다.

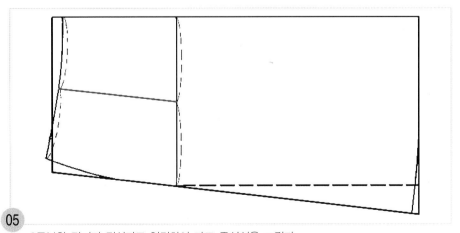

05 2등분한 점끼리 직선자로 연결하여 다트 중심선을 그린다.

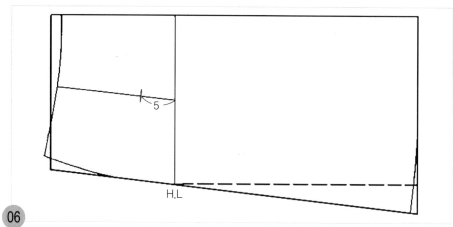

06 히프선에서 다트 중심선을 따라 5cm 올라가 다트 끝점을 표시한다.

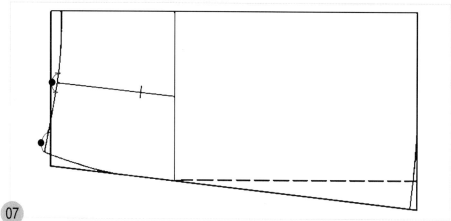

07 허리선에서 $W°/2=W/4$ 치수를 제하고 남은 허리선의 분량(●)을 허리선 쪽 다트 중심선에 서 1/2씩 위아래로 나누어 표시한다.

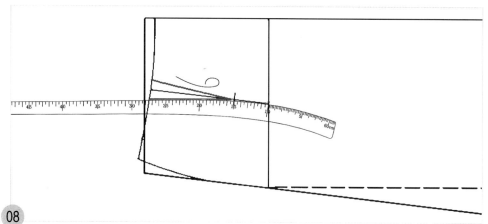

08 hip곡자가 다트 끝점에서 1cm 다트 중심선에 닿으면서 허리선 쪽 다트 위치와 연결되는 약한 곡 선으로 맞추고 다트 완성선을 그린다.

4. 지퍼 트임 끝 표시를 하고 스티치 선을 그린다.

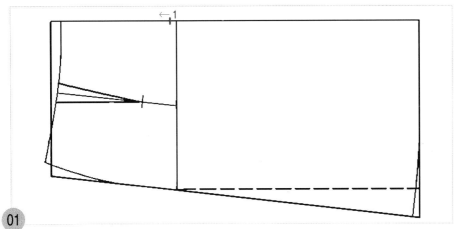

01 뒤 중심 쪽 히프선에서 1cm 허리선 쪽으로 올라가 지퍼 트임 끝 위치를 표시한다.

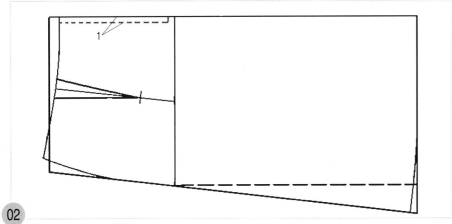

02 뒤 중심선에 1cm 폭으로 허리 완성선에서 지퍼 트임 끝까지 스티치 선을 그린다.

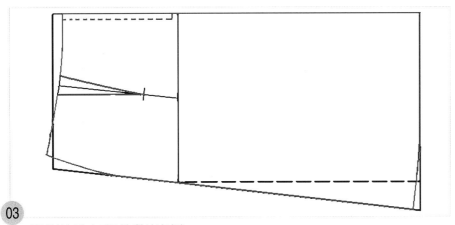

03 적색선이 뒤 스커트의 완성선이다.

앞 스커트 제도하기 ᐧᐧᐧᐧ

1. 기초선을 그린다.

01
직각자를 대고 앞 중심선을 그린 다음, 직각으로 밑단 선을 그린다.

밑단 선

앞 중심선

허리 안내선

스커트 길이

02
밑단 선 쪽 앞 중심선 끝에서 앞 중심선을 따라 스커트 길이를 재어 표시하고, 직각으로 허리 안내선을 그린다.

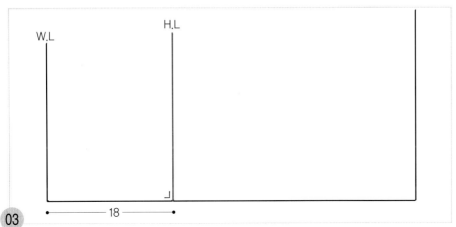

03

허리선에서 18cm 스커트 단 쪽으로 내려가 히프선 위치의 표시를 하고 직각으로 히프선을 그린다.

04

허리선에서 히프선까지를 2등분하여 중 히프선 위치를 표시하고 직각으로 중 히프선을 그린다.

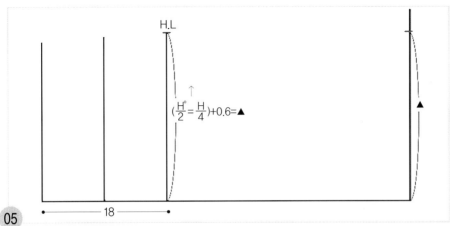

$$(\frac{H^{\circ}}{2} = \frac{H}{4})+0.6=\blacktriangle$$

05

앞 중심 쪽에서 히프선을 따라 (H°/2)+0.6cm=(H/4)+0.6cm 치수를 올라가 표시하고, 같은 치수를 밑단 선 쪽에도 표시한다(0.6cm는 주름 여유분이다).

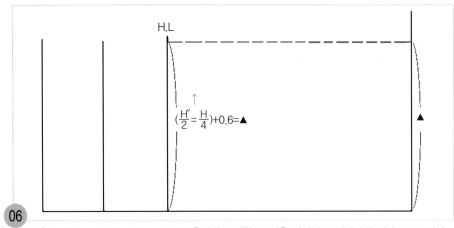

06 (Hᶠ/2)+0.6cm=(H/4)+0.6cm 치수를 올라가 표시한 두 점을 직선자로 연결하여 점선으로 그린다.

2. 옆선과 밑단 선을 그린다.

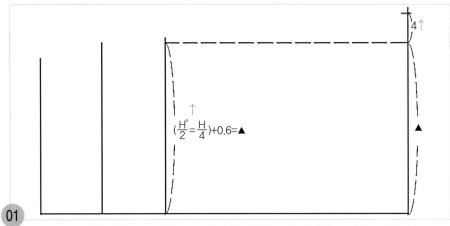

01 점선으로 표시한 밑단 쪽 끝에서 4cm 올라가 옆선을 그릴 안내선 끝점을 표시한다.

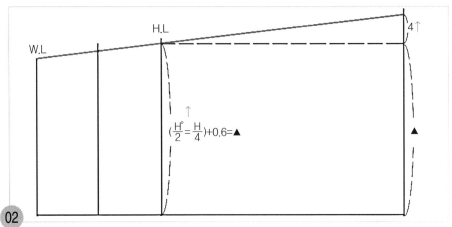

02 4cm 올라가 표시한 점과 히프선 끝점 두 점을 직선자로 연결하여 허리선까지 옆선을 그린다.

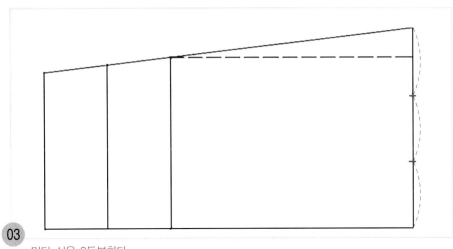

03

밑단 선을 3등분한다.

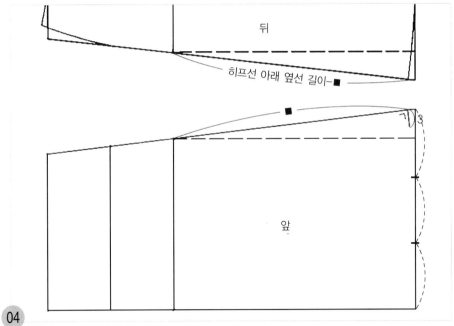

04

뒤 스커트의 히프선에서 밑단 선까지의 옆선 길이를 재어 앞 스커트의 히프선 끝점에서 밑
단 쪽으로 옆선을 따라 내려가 표시하고 직각으로 3cm 정도 밑단의 완성선을 내려 그린다.

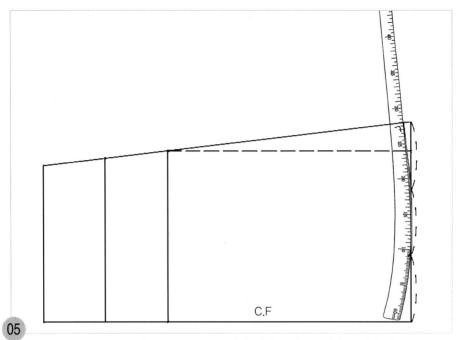

05

앞 중심 쪽 밑단의 1/3점에 hip곡자 15 근처의 위치를 맞추고 옆선 쪽에서 직각으로 내려
그은 선과 연결하여 밑단의 완성선을 그린다.

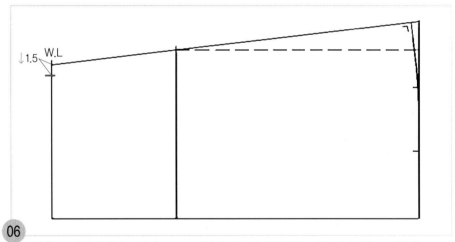

06

옆선 쪽 허리 안내선 끝에서 1.5cm 내려와 옆선의 완성선을 그릴 통과점을 표시한다.

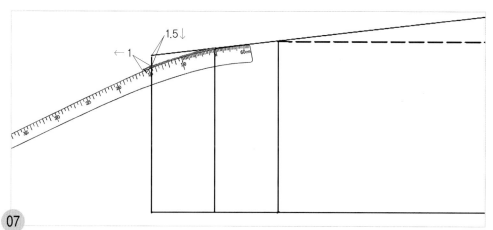

07

옆선 쪽 중 히프선 위치에 hip곡자 5의 근처의 위치를 맞추면서 허리선에서 1.5cm 내려와 표시한 점과 연결하여 히프선 위쪽 옆선의 완성선을 1cm 추가하여 그린다.

3. 허리 완성선을 그리고 다트를 그린다.

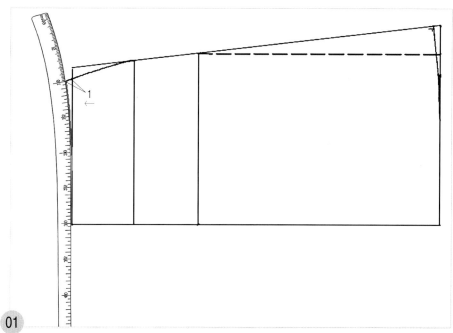

01

1cm 추가하여 그린 옆선의 끝점에 hip곡자 10 위치를 맞추고 허리 안내선과 맞닿는 곡선으로 연결하여 허리 완성선을 그린다.

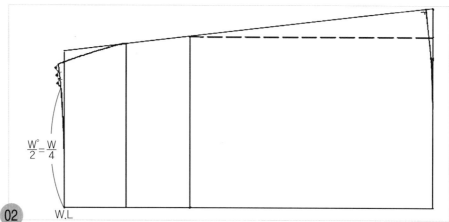

02 앞 중심 쪽 허리선 끝에서 $W^{\circ}/2=W/4$ 치수를 올라가 표시하고 남은 허리선의 분량을 3등분하여 다트량을 표시해 둔다.

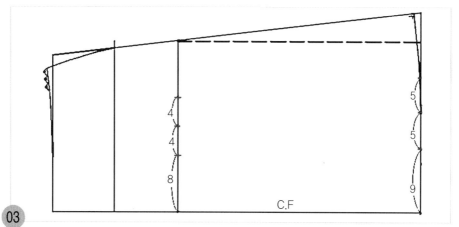

03 앞 중심 쪽에서 히프선을 따라 8cm, 4cm, 4cm 순으로 올라가 표시하고, 밑단 선을 따라 9cm, 5cm, 5cm 순으로 올라가 표시한다.

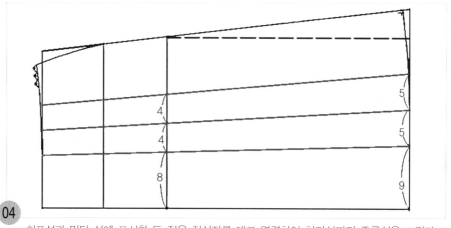

04 히프선과 밑단 선에 표시한 두 점을 직선자를 대고 연결하여 허리선까지 주름선을 그린다.

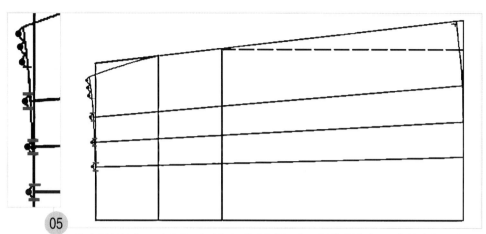

05

허리 완성선에 표시해 둔 다트량의 1/3 분량을 각 주름산 선에서 1/2씩 위아래로 나누어 허리선 쪽 다트 위치를 각각 표시한다.

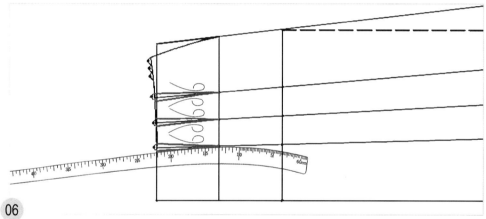

06

중 히프선 위치를 다트 끝점으로 하고 hip곡자로 허리선 쪽 다트 위치와 연결하여 약한 곡선으로 다트 완성선을 그린다.

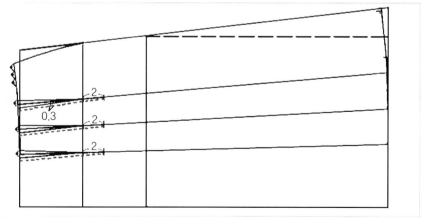

07

중 히프선 위치의 다트 끝점에서 2cm 밑단 쪽으로 내려가 스티치 끝 표시를 하고 앞 중심 쪽 다트 완성선에 각각 0.3cm 폭의 스티치 선을 그린다.

앞 주름 스커트 ● Front Pleat Skirt | **159**

4. 앞 스커트를 절개하여 주름분을 넣는다.

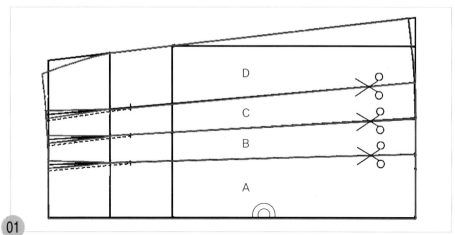

01 앞 중심에 골선 표시를 넣고 절개할 각 패턴의 위치가 틀어지지 않도록 A, B, C, D로 기입하고 가위 표시가 들어가 있는 선을 각각 오려낸다.

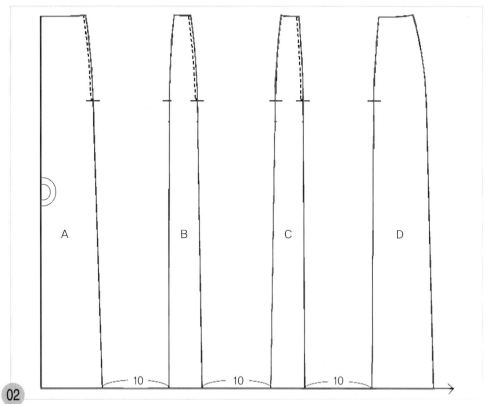

02 밑단 선 쪽에 수평선을 길게 그려놓고, 01에서 오려낸 각 패턴을 밑단 끝쪽을 맞추면서 10cm씩 간격을 두고 배치한다.

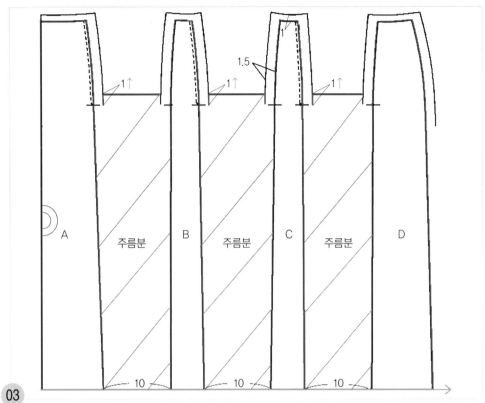

03 히프선 위쪽이 투박해지지 않도록 다트 끝점에서 1cm 올라가 1.5cm씩의 시접을 넣고 잘라내도록 표시해 둔다.

허리 벨트 그리기 ••••••

01 길이 W/2+3cm, 폭 3~3.5cm의 직사각형을 그린다.

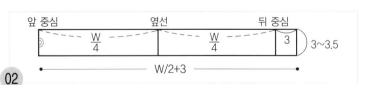

02 앞 중심에서 W/4 치수를 재어 옆선 위치의 표시를 하고, 옆선에서 W/4 치수를 재어 뒤 중심 표시를 한다. 남은 3cm는 뒤 오른쪽의 낸단 분이다. 앞 중심에서 뒤 중심까지를 2등분하여 옆선의 표시를 한다.

요크 개더 스커트 Yoke Gather Skirt...

스타일 ●●● 요크 절개로 하여 개더를 넣은 스커트로, 스커트 길이나 개더 분량, 소재 등으로 여러 가지 분위기를 표현할 수 있는 스타일이다.

소재 ●●● 전체의 분량이 많아지므로 가볍고 탄력이 있는 얇은 것이 적합하다. 울 소재라면 조젯, 면 소재라면 면 새틴, 깅엄, 브로드 등이 좋고, 세련된 느낌을 표현하려면 실크나 화섬 등이 적합하다.

요크 개더 스커트의 제도 순서

제도 치수 구하기 ⋯⋯⬧

계측 치수		제도 각자 사용 시의 제도 치수	일반 자 사용 시의 제도 치수
허리 둘레(W)	68cm	$W° = 34$	$W / 4 = 17$
엉덩이 둘레(H)	94cm	$H° = 47$	$H / 4 = 23.5$
스커트 길이	53cm (벨트 제외)	53cm	

뒤 스커트 제도하기 ⋯⋯⬧

1. 기초선을 그린다.

뒤 중심선

밑단선

01

직각자를 대고 뒤 중심선을 그린 다음 직각으로 밑단 선을 그린다.

02 밑단 쪽 뒤 중심선 끝에서 뒤 중심선을 따라 스커트 길이를 재어 표시하고 직각으로 허리
안내선을 그린다.

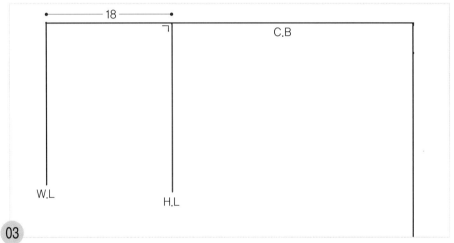

03 허리선 쪽 뒤 중심선 끝에서 뒤 중심선을 따라 밑단 쪽으로 18cm 나가 표시하고 직각으로
히프선을 그린다.

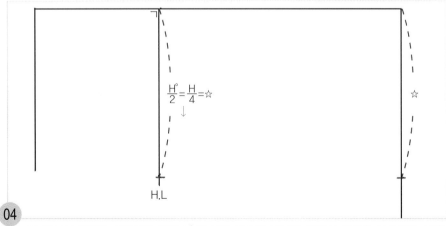

04 뒤 중심선 쪽에서 히프선을 따라 H°/2=H/4 치수를 내려와 히프선 끝점을 표시하고, 같은
치수를 재어 밑단 선 쪽에도 표시한다.

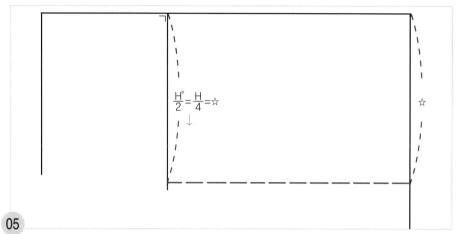

05

H°/2=H/4 치수를 내려와 표시한 두 점을 직선자로 연결하여 밑단 폭을 추가할 위치와 옆선의 통과할 히프선 끝점의 안내선을 점선으로 그린다.

2. 옆선과 밑단 선을 그린다.

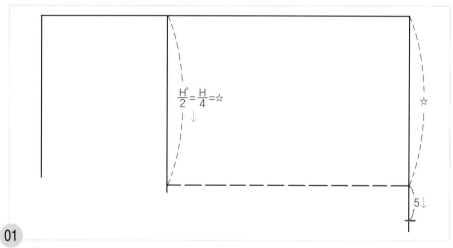

01

점선으로 그린 밑단 선 쪽 끝에서 5cm 밑단 선을 추가하여 표시한다.

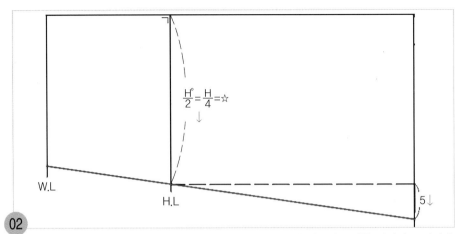

02
밑단 선 쪽에서 5cm 추가하여 표시한 점과 점선으로 그린 히프선 끝점을 직선자로 연결하여 허리선까지 옆선을 그린다.

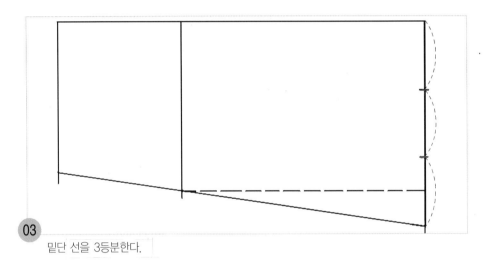

03
밑단 선을 3등분한다.

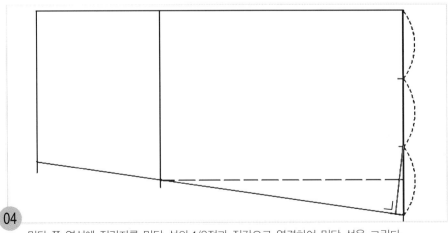

04
밑단 쪽 옆선에 직각자를 밑단 선의 1/3점과 직각으로 연결하여 밑단 선을 그린다.

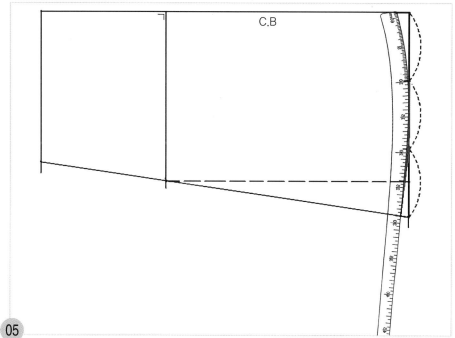

05

밑단 쪽 1/3 지점의 각진 곳을 자연스런 곡선으로 밑단 선을 수정한다(즉, 뒤 중심선 쪽의 1/3 위치에 hip곡자 10 위치를 맞추면서 직각으로 그린 옆선과 연결한다).

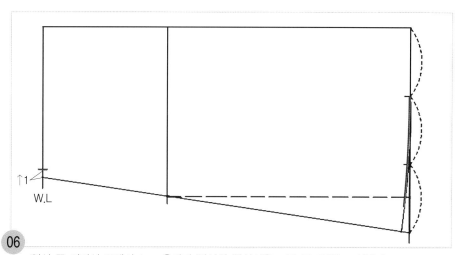

↑1

W.L

06

옆선 쪽 허리선 끝에서 1cm 올라가 옆선의 완성선을 그릴 통과점을 표시한다.

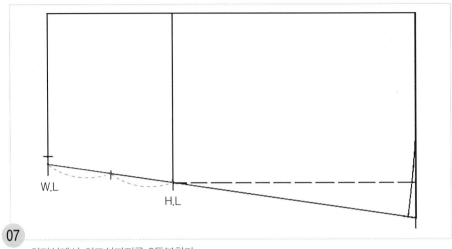

07

허리선에서 히프선까지를 2등분한다.

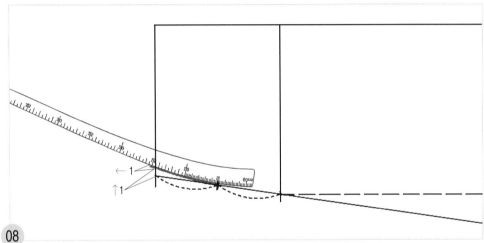

08

허리선에서 히프선까지의 1/2 위치에 hip곡자 5 근처의 위치를 맞추면서 허리선에서 1cm 올라가
표시한 점과 연결하여 히프선 위쪽 옆선의 완성선을 허리선에서 1cm 추가하여 그린다.

3. 허리 완성선과 절개선을 그리고 다트를 그린다.

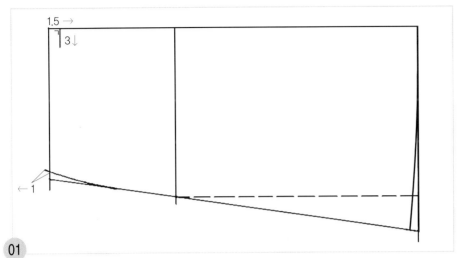

뒤 중심 쪽 허리 안내선 끝에서 1.5cm 스커트 밑단 쪽으로 나가 표시하고 직각으로 3cm 뒤 허리 완성선을 내려 그린다.

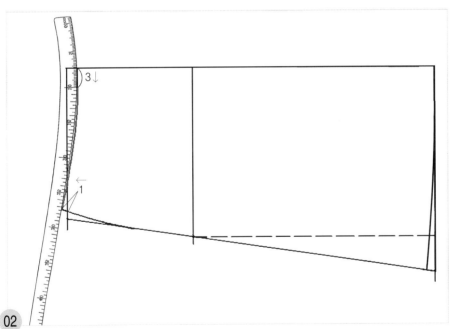

3cm 내려 그은 끝점에 hip곡자 10 근처의 위치를 맞추면서 옆선 쪽에서 1cm 추가하여 그린 끝점과 연결하여 허리 완성선을 그린다.

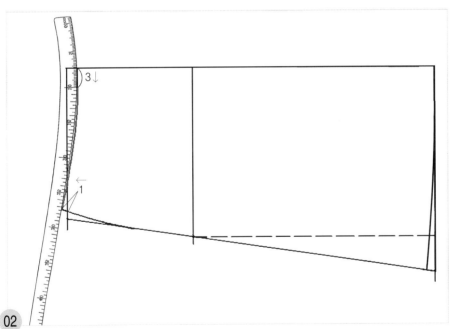

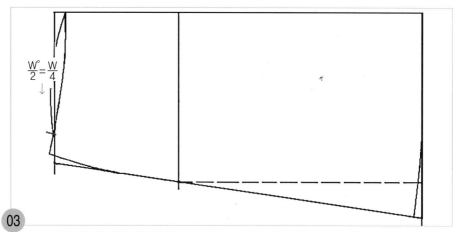

03 뒤 중심선 쪽에서 허리 완성선을 따라 W°/2=W/4 치수를 내려와 표시한다.

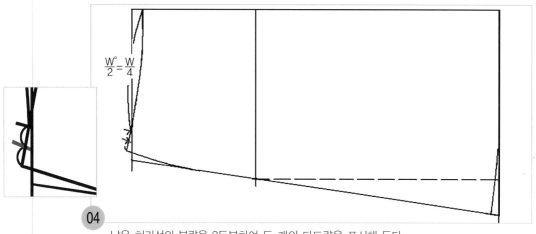

04 남은 허리선의 분량을 2등분하여 두 개의 다트량을 표시해 둔다.

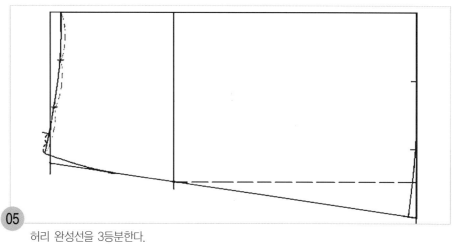

05 허리 완성선을 3등분한다.

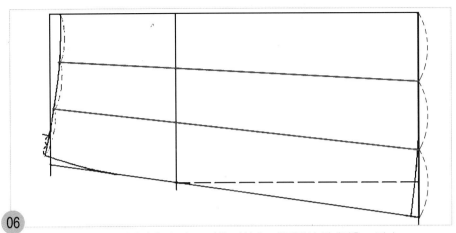

06

밑단 선의 1/3점과 허리선의 1/3점 두 점을 직선자로 연결하여 절개선을 그린다.

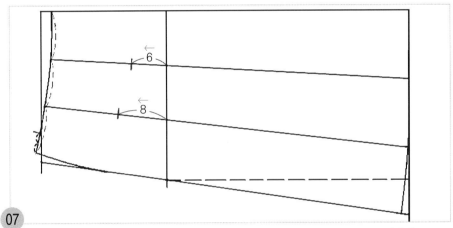

07

히프선에서 절개선을 따라 뒤 중심 쪽 다트는 6cm, 옆선 쪽 다트는 8cm 허리선 쪽으로
나가 다트 끝점을 표시한다.

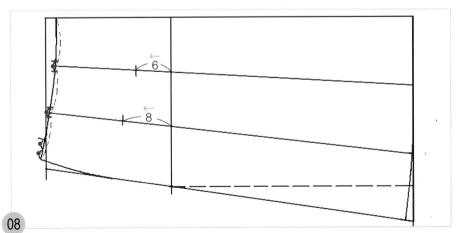

08

허리선의 다트 1개 분량(●)을 절개선에서 1/2씩 위아래로 나누어 허리선 쪽 다트 위치를 표시
한다.

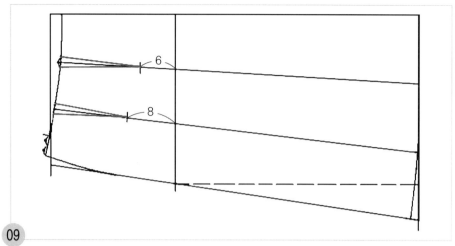

09 다트 끝점과 허리선의 다트 위치를 직선자로 연결하여 다트 완성선을 그린다.

4. 지퍼 트임 끝 표시를 하고 스티치 선을 그린다.

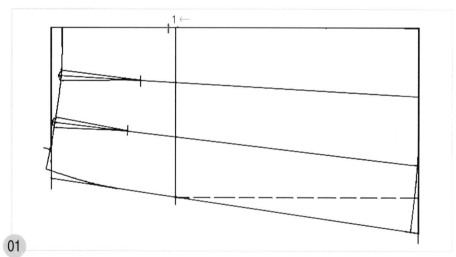

01 뒤 중심 쪽 히프선에서 1cm 허리선 쪽으로 올라가 지퍼 트임 끝 위치를 표시한다.

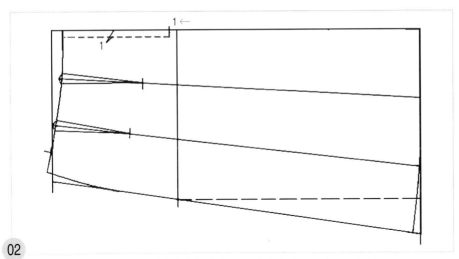

02

뒤 중심선에 1cm 폭으로 허리선에서 지퍼 트임 끝까지 스티치 선을 그린다.

5. 요크선을 그린다.

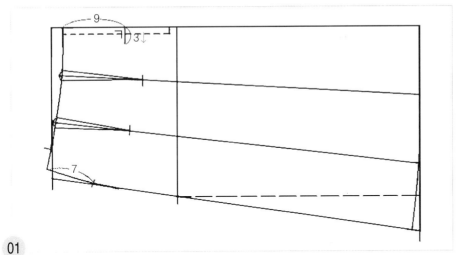

01

뒤 중심선 쪽 허리 완성선에서 9cm 밑단 쪽으로 나가 요크 폭을 표시하고, 직각으로 3cm 요크선을 내려 그린 다음, 옆선 쪽은 7cm 나가 요크선 위치를 표시한다.

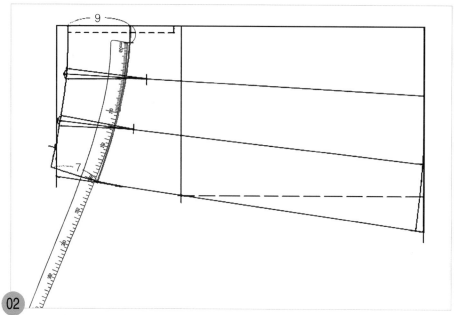

02

3cm 직각으로 내려 그은 선 끝에 hip곡자 끝 위치를 맞추면서 옆선 쪽에서 7cm 나가 표시한 점과 연결하여 요크선을 그린다.

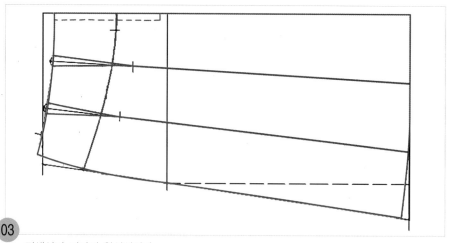

03

적색선이 뒤판의 완성선이다.

앞 스커트 제도하기 ••••❖

1. 기초선을 그린다.

01
밑단 선

앞 중심선

직각자를 대고 앞 중심선을 그린 다음, 직각으로 밑단 선을 그린다.

02
허리 안내선

밑단 선 쪽 앞 중심선 끝에서 앞 중심선을 따라 스커트 길이를 재어 표시하고 직각으로 허리 안내선을 그린다.

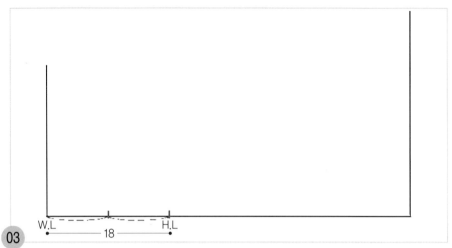

03 허리선에서 18cm 스커트 단 쪽으로 내려가 히프선 위치의 표시를 하고, 허리선까지 2등분
하여 중 히프선 위치의 표시를 한다.

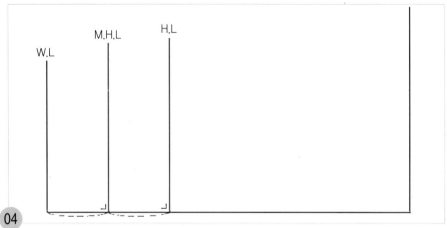

04 히프선과 중 히프선의 표시한 곳에서 직각으로 히프선과 중 히프선을 올려 그린다.

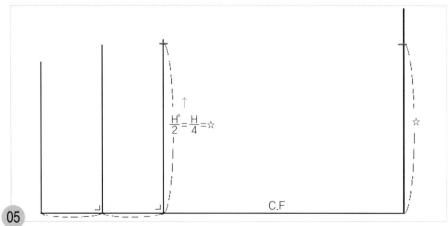

05 앞 중심 쪽에서 히프선을 따라 H°/2=/H/4 치수를 올라가 히프선 끝점을 표시하고, 같은 치
수를 밑단 선 쪽에도 표시한다.

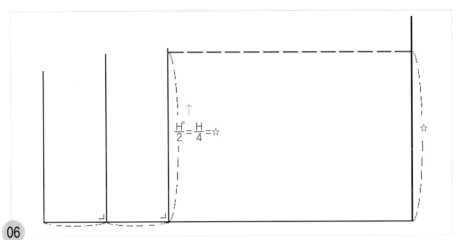

06

H°/2=H/4 치수를 올라가 표시한 두 점을 직선자로 연결하여 밑단 폭을 추가할 위치와 옆
선의 통과할 히프선 끝점의 안내선을 점선으로 그린다.

2. 밑단 선을 그리고 옆선의 완성선을 그린다.

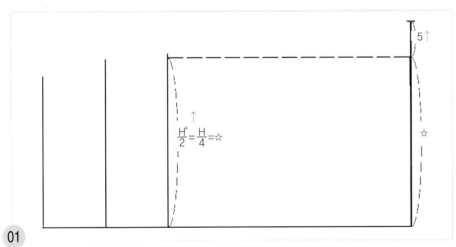

01

점선으로 표시한 밑단 쪽 끝에서 5cm 밑단 폭을 추가하여 표시한다.

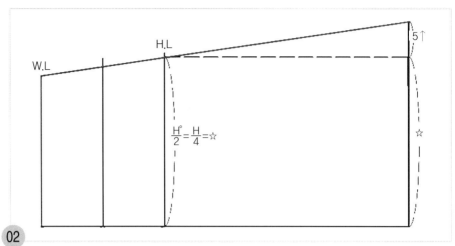

02

5cm 올라가 표시한 점과 점선으로 그린 히프선 끝점을 직선자로 연결하여 허리선까지 옆
선을 그린다.

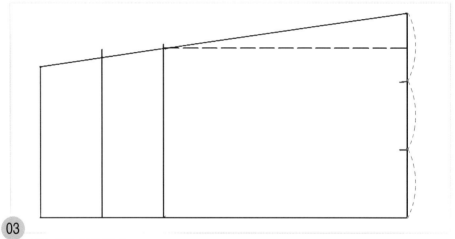

03

밑단 선을 3등분한다.

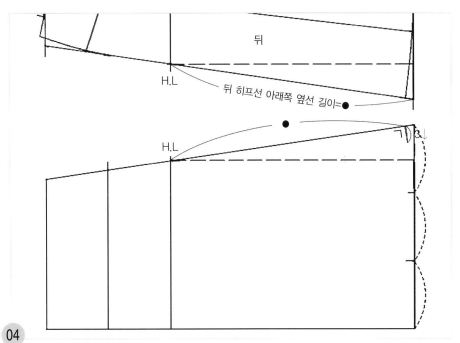

04 뒤 히프선 아래쪽 옆선의 완성선 길이를 재어 앞 스커트의 히프선 끝점에서 밑단 쪽으로
옆선을 따라 내려가 표시하고 직각으로 3cm 밑단의 완성선을 내려 그린다.

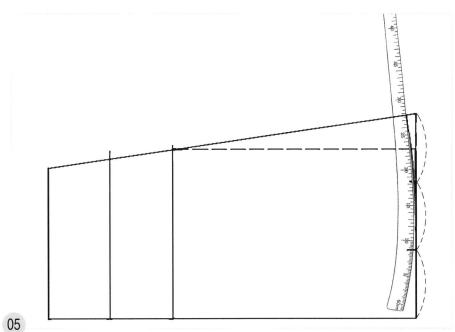

05 앞 중심 쪽 1/3 위치에 hip곡자 15 위치를 맞추면서 옆선 쪽에서 직각으로 내려 그은 선과
연결하여 밑단의 완성선을 그린다.

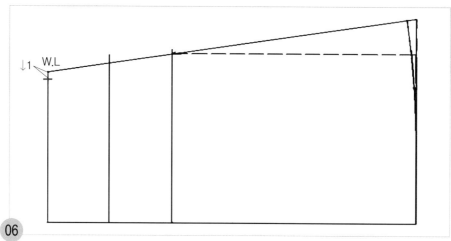

06 옆선 쪽 허리 안내선 끝에서 1cm 내려와 옆선의 완성선을 그릴 통과점을 표시한다.

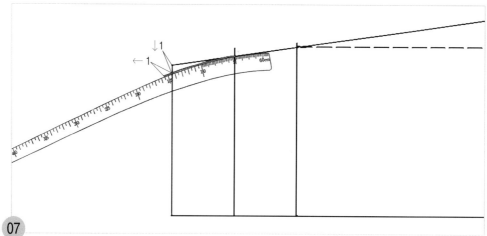

07 옆선 쪽 중 히프선 위치에 hip곡자 5 근처의 위치를 맞추면서 허리선에서 1cm 내려와 표시한 점 과 연결하여 히프선 위쪽 옆선의 완성선을 허리선에서 1cm 추가하여 그린다.

3. 허리 완성선과 절개선을 그리고 다트를 그린다.

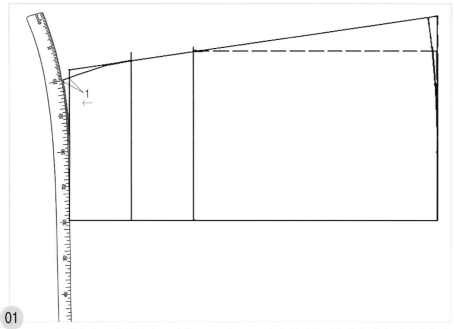

01

1cm 추가하여 그린 옆선의 끝점에 hip곡자 15 근처의 위치를 맞추면서 허리 안내선과 맞
닿는 곡선으로 연결하여 허리 완성선을 그린다.

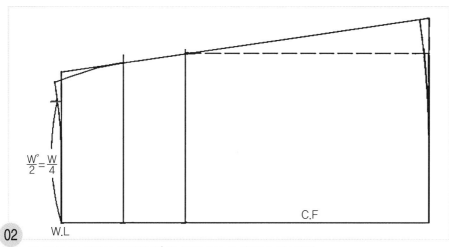

02

앞 중심 쪽 허리선 끝에서 $W°/2=W/4$ 치수를 올라가 표시한다.

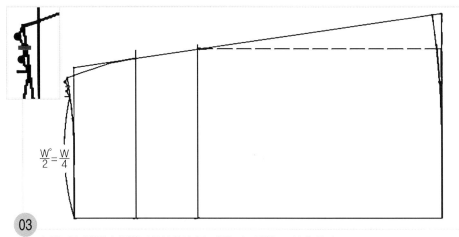

03 남은 허리선의 분량을 2등분하여 두 개의 다트량을 표시해 둔다.

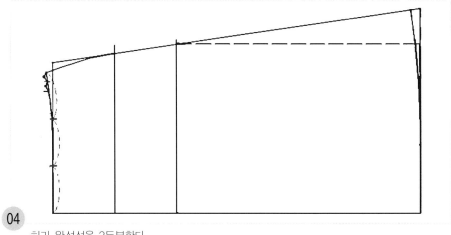

04 허리 완성선을 3등분한다.

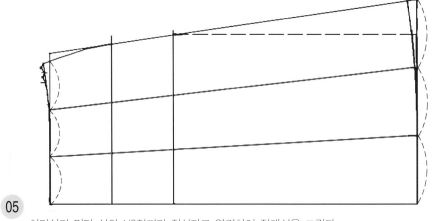

05 허리선과 밑단 선의 1/3점끼리 직선자로 연결하여 절개선을 그린다.

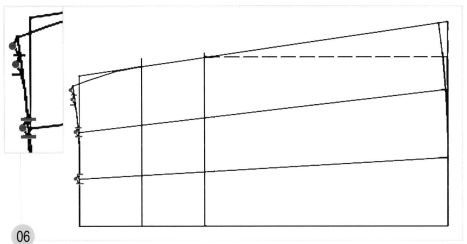

06 허리선의 다트 1개 분량(●)을 재어 절개선에서 1/2씩 위아래로 나누어 허리선 쪽 다트 위치를 표시한다.

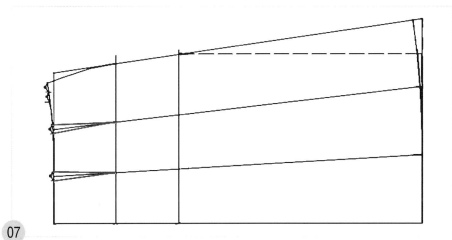

07 중 히프선 위치를 다트 끝점으로 하고 허리선 쪽 다트 위치와 직선자로 연결하여 다트 완성선을 그린다.

4. 요크선을 그린다.

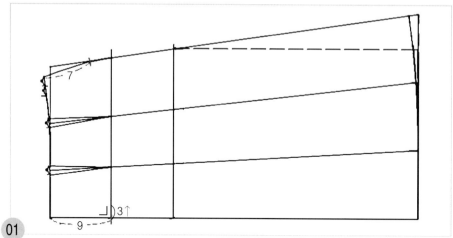

01

허리선 쪽 앞 중심선 끝에서 9cm 밑단 쪽으로 나가 직각으로 3cm 요크선을 그린 다음, 옆
선 쪽에서 7cm 밑단 쪽으로 나가 요크선 위치를 표시한다.

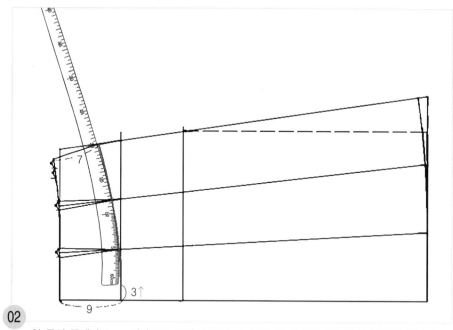

02

앞 중심 쪽에서 3cm 직각으로 그린 끝점에 hip곡자 끝 위치를 맞추면서 옆선 쪽에서 7cm
나가 표시한 점과 연결하여 요크선을 그린다.

5. 요크 완성선을 오려내어 요크 패턴을 완성한다.

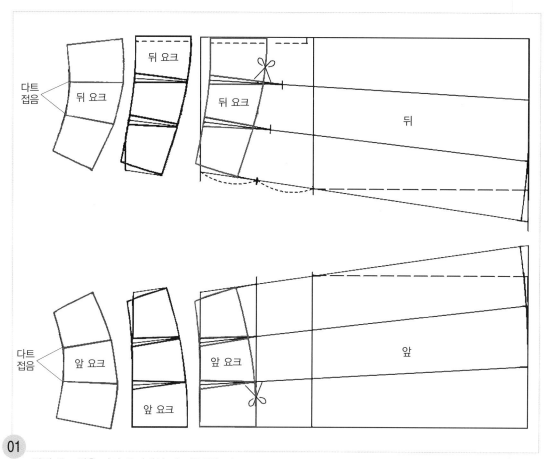

01 앞뒤 요크선을 따라 오려내어 다트를 접는다.

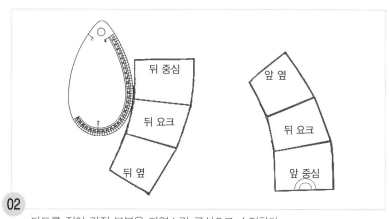

02 다트를 접어 각진 부분을 자연스런 곡선으로 수정한다.

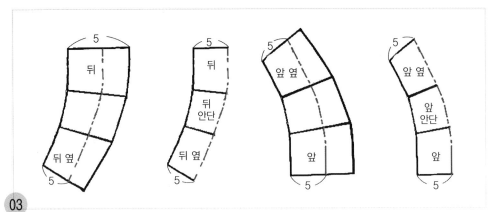

03

앞뒤 요크를 5cm 폭으로 요크 안단선을 그린 다음 새 패턴지 위에 요크 패턴을 얹고 룰렛으로 눌러 앞뒤 안단선을 옮겨 그린다.

6. 스커트를 절개하여 개더량을 넣는다.

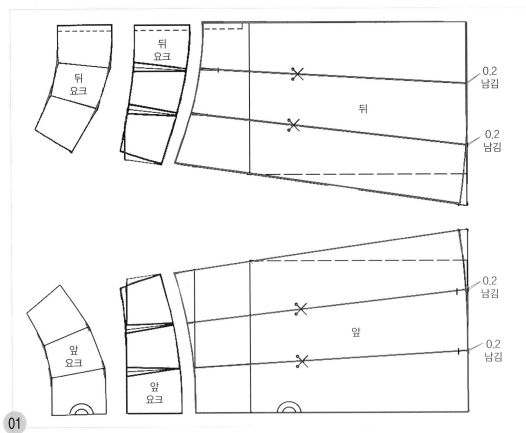

01

밑단 선 쪽에서 0.2cm 정도 남기고 절개선을 자른다.

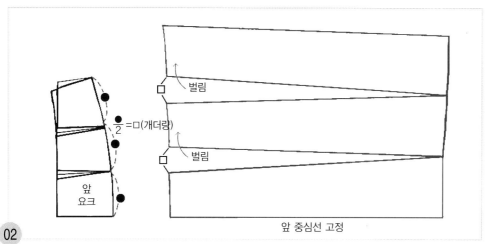

02

절개선을 자른 패턴의 앞 중심선 쪽을 고정시키고 요크선의 1/3 치수를 2등분하여 1/2 분량(ㅁ)을 절개선 위치에서 시계 방향으로 벌려 개더량을 넣는다.

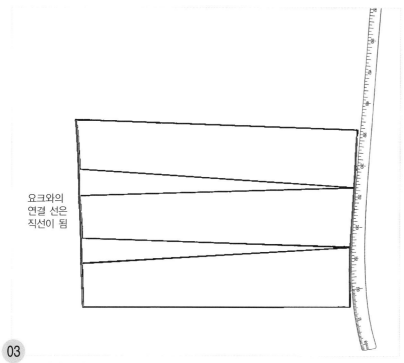

03

절개하여 밑단 쪽 1/3 위치의 각진 부분을 자연스런 곡선으로 수정한다.

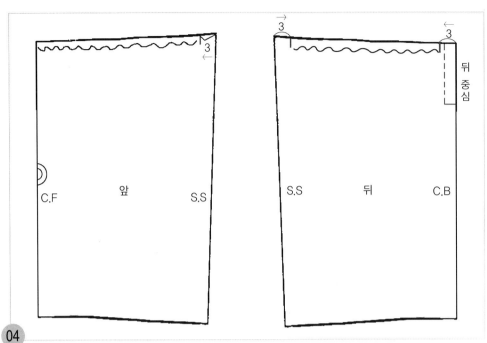

04 절개한 패턴을 떼어내고 요크와의 연결선 밑에 옆선 쪽에서 3cm 남기고 개더 표시를 한다(요크선 아래쪽은 앞뒤가 같으므로 재단 시 뒤판은 앞판을 수평 반전하여 뒤 중심과 옆선 쪽에서 3cm 남기고 개더 표시를 한다).

랩 스커트 Wrap Skirt...

■■■ S.K.I.R.T **09**

스타일 ●●● 세미타이트 스커트의 변형된 형태이다. 착용을 할 때 앞 스커트 한 장을 겹쳐 감싸 입는 스타일로, 앞 왼쪽 다트 위치에서 밑단까지 트여 있으므로 보행 폭이 넓어 편하고 착용하기도 편한 스커트이다.

소 재 ●●● 울이나 면, 화섬 등 어떤 소재를 선택해도 좋으나 랩으로 겹쳐지기 때문에 중간 두께나 얇은 것을 선택하는 것이 좋다.

랩 스커트의 제도 순서

제도 치수 구하기 ····◆

계측한 치수를 기입하고 사용할 자의 난에도 제도 치수를 기입해 둔다.

계측 치수		제도 각자 사용 시의 제도 치수	일반 자 사용 시의 제도 치수
허리 둘레(W)	68cm	$W° = 34$	$W / 4 = 17$
엉덩이 둘레(H)	94cm	$H° = 47$	$H / 4 = 23.5$
스커트 길이	53cm (벨트 제외)	53cm	

뒤 스커트 제도하기 ····◆

1. 기초선을 그린다.

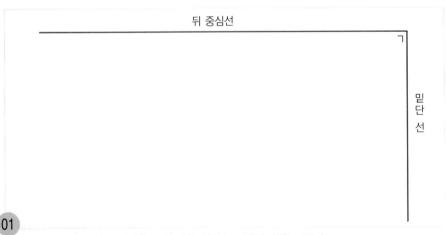

뒤 중심선

밑단선

01

직각자를 대고 뒤 중심선을 그린 다음 직각으로 밑단 선을 그린다.

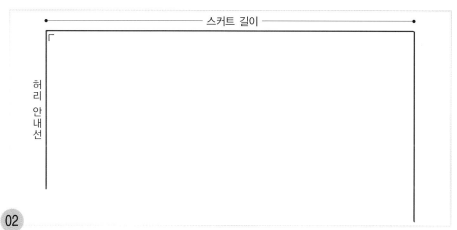

02

밑단 쪽 뒤 중심선 끝에서 뒤 중심선을 따라 스커트 길이를 재어 표시하고 직각으로 허리
안내선을 그린다.

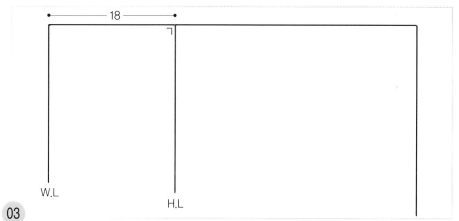

03

허리선 쪽 뒤 중심선 끝에서 뒤 중심선을 따라 밑단 쪽으로 18cm 나가 표시하고 직각으로
히프선을 그린다.

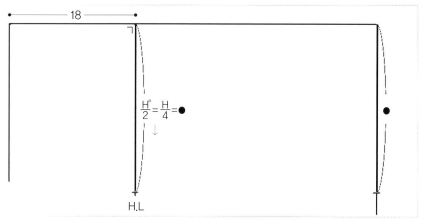

04

뒤 중심선 쪽에서 히프선을 따라 $H^\circ/2=H/4$ 치수를 내려와 히프선 끝점의 표시를 하고, 같
은 치수를 재어 밑단 선 쪽에도 표시한다.

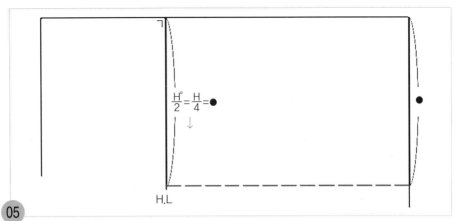

05

$\dfrac{H^{\circ}}{2}$=H/4 치수를 내려와 표시한 두 점을 직선자로 연결하여 점선으로 그린다.

2. 옆선과 밑단 선을 그린다.

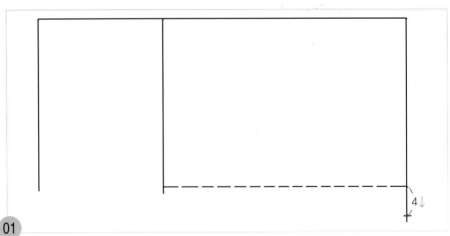

01

밑단 선 쪽에서 $\dfrac{H^{\circ}}{2}$=H/4 치수를 내려와 표시한 곳에서 4cm 밑단 선을 추가하여 표시한다.

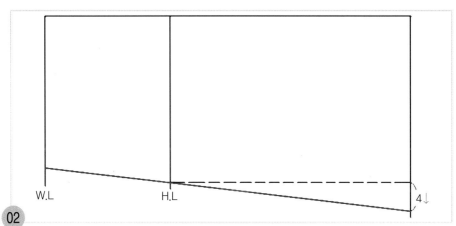

02 밑단 쪽 끝에서 4cm 내려온 점과 히프선 끝점 두 점을 직선자로 연결하여 허리선까지 옆선을 그린다.

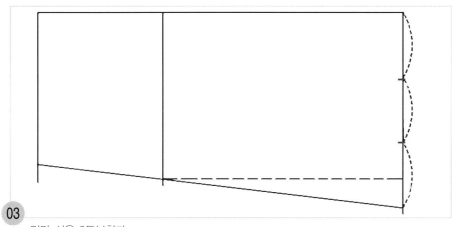

03 밑단 선을 3등분한다.

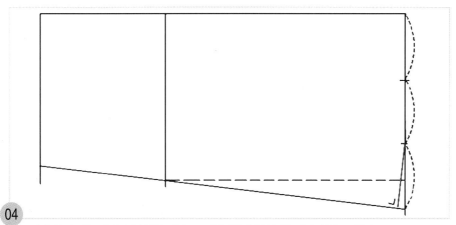

04 밑단 선의 1/3 지점과 옆선을 직각으로 연결하여 옆선 쪽 밑단 선을 그린다.

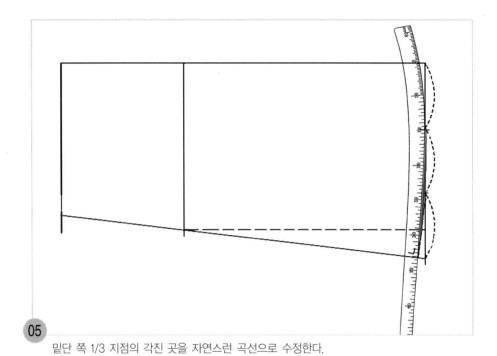

05 밑단 쪽 1/3 지점의 각진 곳을 자연스런 곡선으로 수정한다.

↑1.5

06 옆선 쪽 허리선 끝에서 1.5cm 올라가 옆선의 완성선을 그릴 통과점을 표시한다.

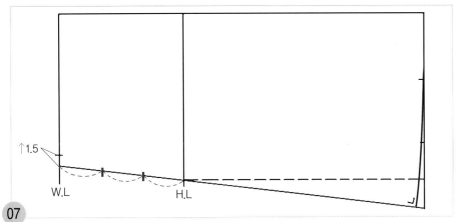

07

허리선에서 히프선까지를 3등분한다.

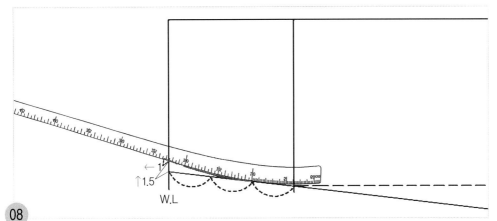

08

허리선에서 히프선까지의 2/3점에 hip곡자 10 근처의 위치를 맞추면서 허리선에서 1.5cm 올라가
표시한 점과 연결하여 히프선 위쪽 옆선의 완성선을 허리선에서 1cm 추가하여 그린다.

3. 허리 완성선을 그리고 다트를 그린다.

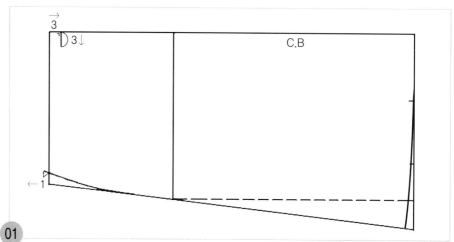

01 뒤 중심 쪽 허리 안내선 끝에서 1.5cm 스커트 밑단 쪽으로 나가 직각으로 3cm 뒤 허리 완성선을 내려 그린다.

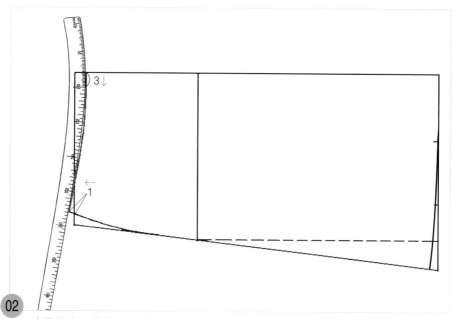

02 뒤 중심선 쪽에서 3cm 직각으로 내려 그린 끝점에 hip곡자 10 위치를 맞추면서 1cm 추가하여 그린 옆선의 끝점과 연결하여 뒤 허리 완성선을 그린다.

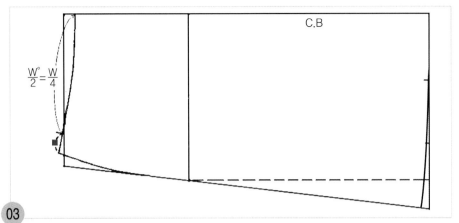

03 뒤 중심선 쪽에서 허리 완성선을 따라 W˚/2=W/4 치수를 내려와 표시하고, 남은 허리선의 분량(■)을 다트량으로 표시해 둔다.

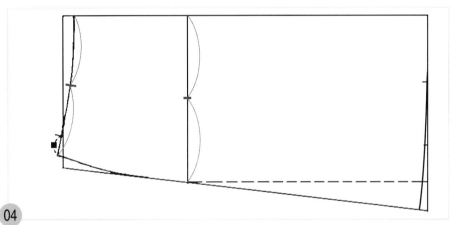

04 허리선과 히프선을 각각 2등분한다.

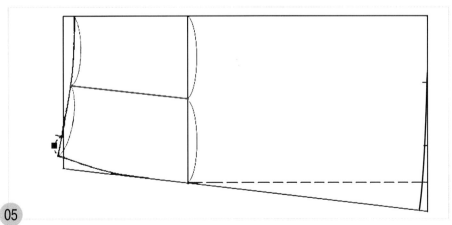

05 2등분한 점끼리 직선자로 연결하여 다트 중심선을 그린다.

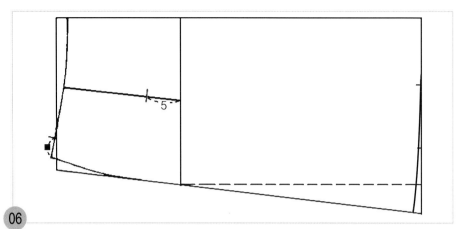

06 히프선에서 다트 중심선을 따라 허리선 쪽으로 5cm 나가 다트 끝점을 표시한다.

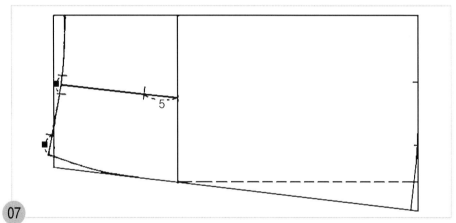

07 허리선의 다트량(■)을 허리선 쪽 다트 중심선에서 다트량의 1/2씩 위아래로 나누어 허리선 쪽 다트 위치를 표시한다.

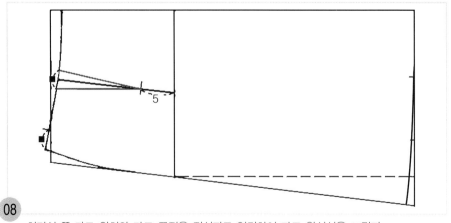

08 허리선 쪽 다트 위치와 다트 끝점을 직선자로 연결하여 다트 완성선을 그린다.

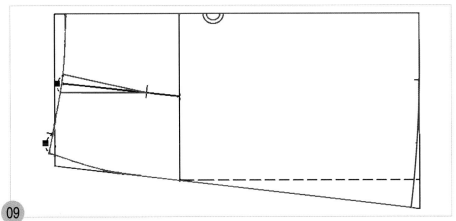

09 뒤 중심선에 골선 표시를 한다. 적색선이 뒤 스커트의 완성선이다.

앞 스커트 제도하기 •••••

1. 기초선을 그린다.

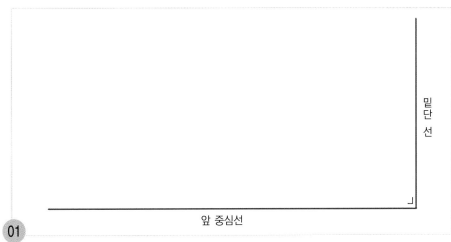

밑단선

앞 중심선

01 직각자를 대고 앞 중심선을 그리고, 직각으로 밑단 선을 그린다.

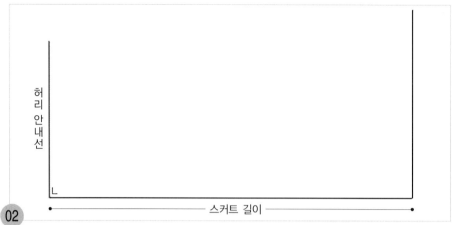

02

밑단 선 쪽 앞 중심선 끝에서 앞 중심선을 따라 스커트 길이를 재어 직각으로 허리 안내선을 그린다.

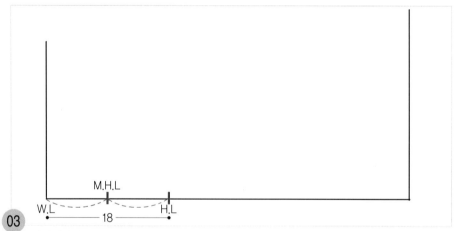

03

허리선에서 18cm 밑단 쪽으로 내려가 히프선 위치를 표시하고, 그 곳에서 허리선까지를 2등분하여 중 히프선 위치를 표시한다.

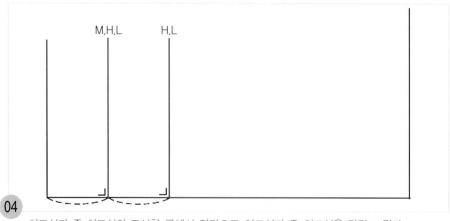

04

히프선과 중 히프선의 표시한 곳에서 직각으로 히프선과 중 히프선을 각각 그린다.

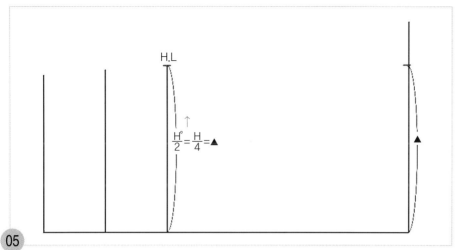

05 앞 중심 쪽에서 히프선을 따라 H°/2=/H/4 치수를 올라가 표시하고, 같은 치수를 밑단 선 쪽에도 표시한다.

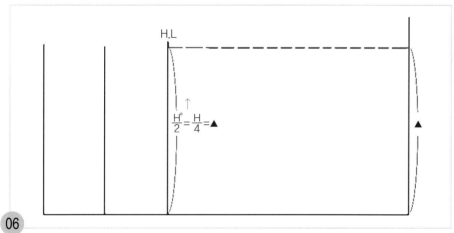

06 H°/2=H/4 치수를 올라가 표시한 두 점을 직선자로 연결하여 점선으로 그린다.

2. 옆선과 밑단 선을 그린다.

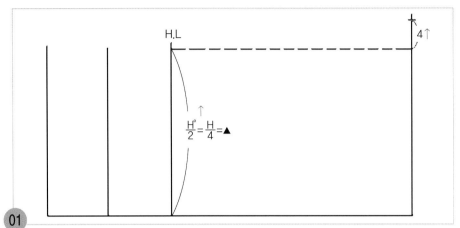

01 점선으로 표시한 밑단 쪽 끝에서 4cm 올라가 밑단 선을 추가하여 표시한다.

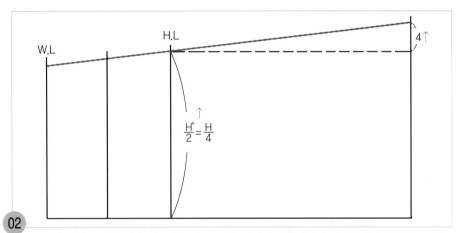

02 4cm 올라가 표시한 점과 히프선 끝점 두 점을 직선자로 연결하여 허리선까지 옆선을 그린다.

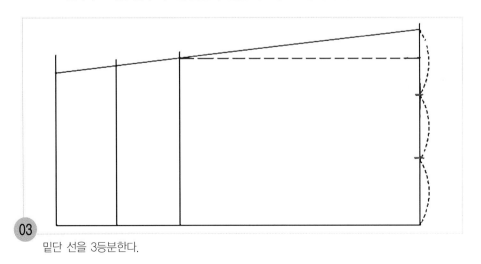

03 밑단 선을 3등분한다.

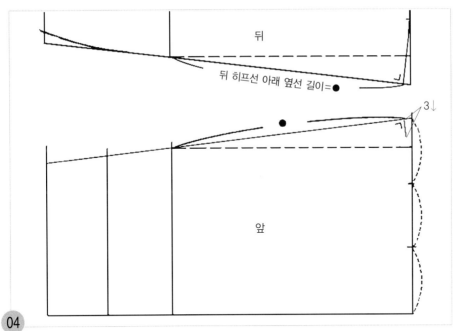

04
뒤 히프선 아래쪽 옆선의 완성선 길이를 재어 앞단의 옆선 쪽 히프선 끝점에서 밑단 쪽으로 옆선을 따라 내려가 표시하고 직각으로 3cm 정도 밑단 선을 내려 그린다.

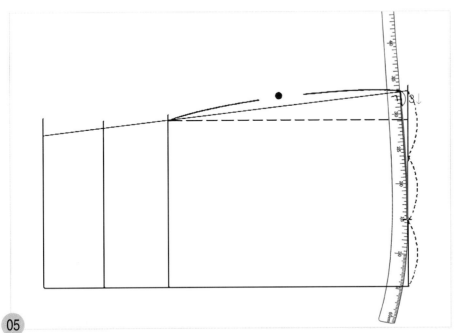

05
앞 중심 쪽 1/3 위치에 hip곡자 15 위치를 맞추면서 옆선 쪽 밑단 끝에서 직각으로 내려 그은 끝점과 연결하여 밑단 선의 각진 부분을 자연스런 곡선으로 수정한다.

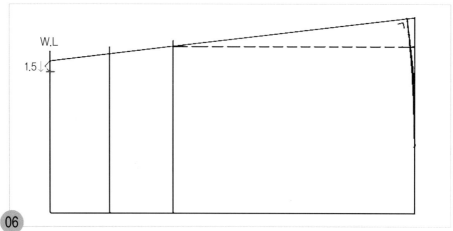

옆선 쪽 허리 안내선 끝에서 1.5cm 내려와 옆선의 완성선을 그릴 통과점을 표시한다.

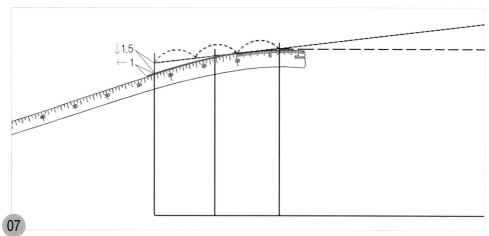

허리선에서 히프선까지의 2/3점에 hip곡자 10 위치를 맞추면서 허리선에서 1.5cm 내려와 표시한 점과 연결하여 히프선 위쪽 옆선의 완성선을 허리선에서 1cm 추가하여 그린다.

3. 허리 완성선을 그리고 다트를 그린다.

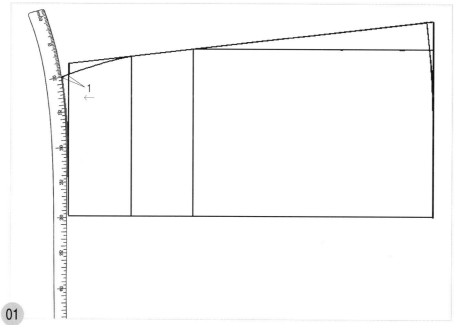

01 1cm 추가하여 그린 옆선의 끝점에 hip곡자 10 위치를 맞추면서 허리 안내선과 연결되는 위치까지 허리 완성선을 그리고 남은 부분은 허리 안내선을 그대로 완성선으로 사용한다.

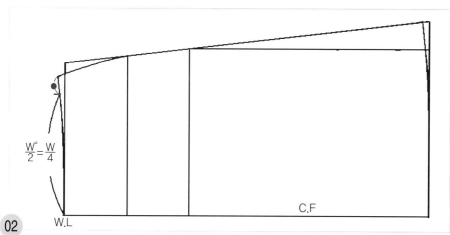

02 앞 중심 쪽 허리선 끝에서 $\frac{W°}{2} = \frac{W}{4}$ 치수를 올라가 표시하고, 남은 허리선의 분량을 다트 량으로 표시해 둔다.

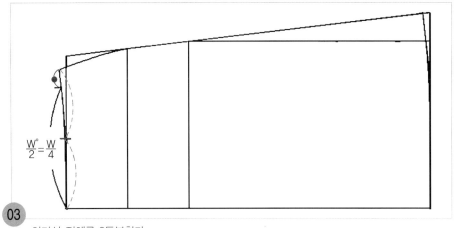

03 허리선 전체를 2등분한다.

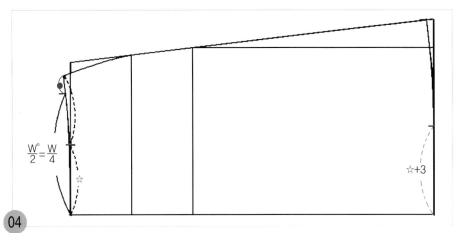

04 허리선의 1/2 분량에 3cm를 추가하여 앞 중심 쪽 밑단 선 끝에서 올라가 표시한다.

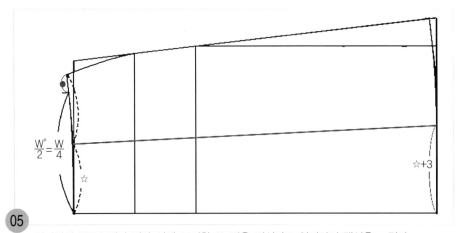

05 허리선의 2등분 점과 밑단 선에 표시한 두 점을 직선자로 연결하여 랩선을 그린다.

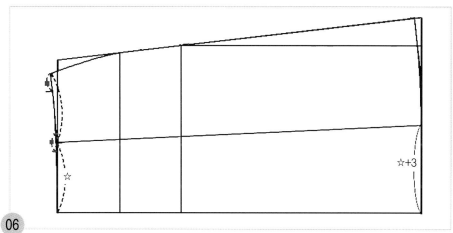

06

허리선의 다트량(■)을 랩선에서 다트량의 1/2씩 위아래로 나누어 허리선 쪽 다트 위치를 표시
한다.

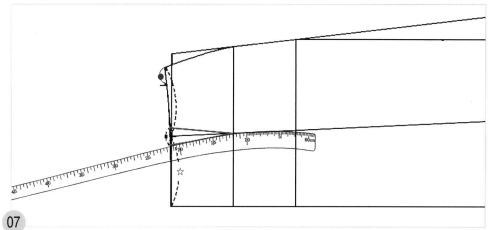

07

랩선의 중 히프선 위치에 hip곡자 12 근처의 위치를 맞추면서 허리선 쪽 다트 위치와 연결하여 다
트 완성선을 그린다.

4. 앞 스커트의 랩선을 그린다.

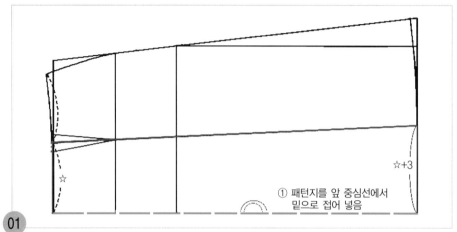

01 앞 중심선에서 패턴지를 접어 랩선과 랩선까지의 허리선과 밑단 선을 룰렛으로 눌러 옮겨 그린다.

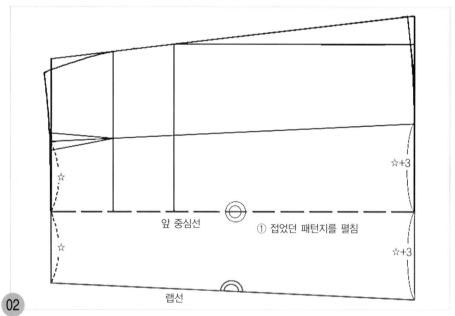

02 앞 중심선에서 펴서 랩선의 완성선을 그린다.

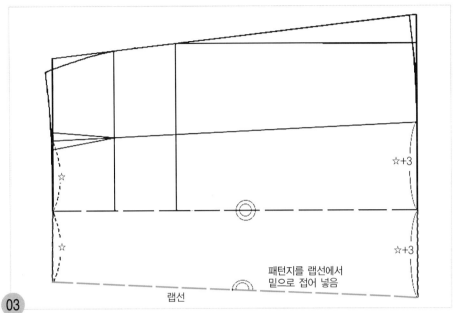

☆+3

☆

☆+3

☆

패턴지를 랩선에서
밑으로 접어 넣음

랩선

패턴지를 다시 랩선에서 접어 랩 분량의 허리선과 밑단 선을 룰렛으로 눌러 옮겨 그린다.

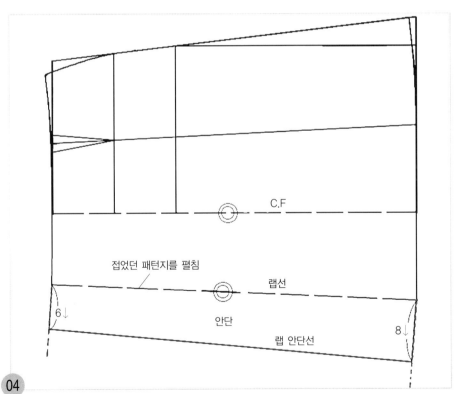

C.F

접었던 패턴지를 펼침

랩선

안단

랩 안단선

6↓

8↓

랩 완성선에서 펴서 허리선 쪽은 6cm, 밑단 쪽은 8cm 내려온 곳까지 허리선과 밑단 선을
그린 다음 두 점을 직선자로 연결하여 랩 안단선을 그린다.

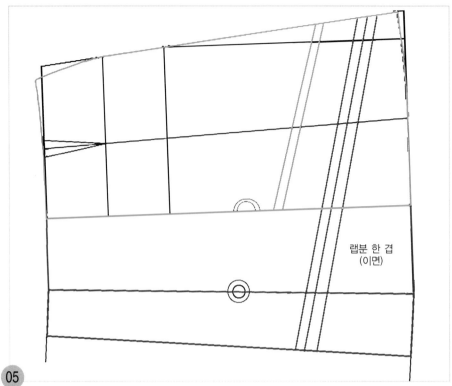

05 청색선은 앞 스커트의 완성선이고, 적색선은 앞 랩 스커트 분량과 안단 분량의 완성선이다.
재단 시 청색선은 골선으로 하여 앞 스커트를 재단하고, 적색선은 한 장으로 하여 재단한다.

허리 벨트 그리기

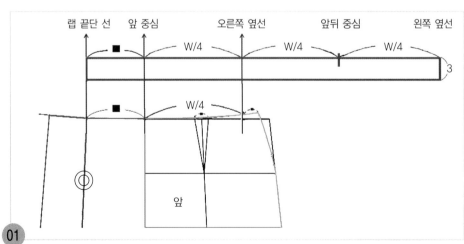

01 앞 스커트의 랩분과 허리 분량에 맞추어서 허리 벨트 위치의 세로 선을 올려 그리고, 랩 끝
단 선에 맞추어 3cm 폭의 (W/4×3)+랩 분량(■)의 직사각형을 그린다.

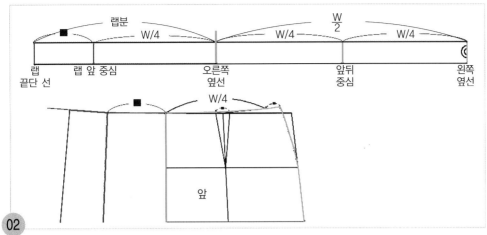

02 랩분과 W/4 치수를 재어 각각 표시한다.

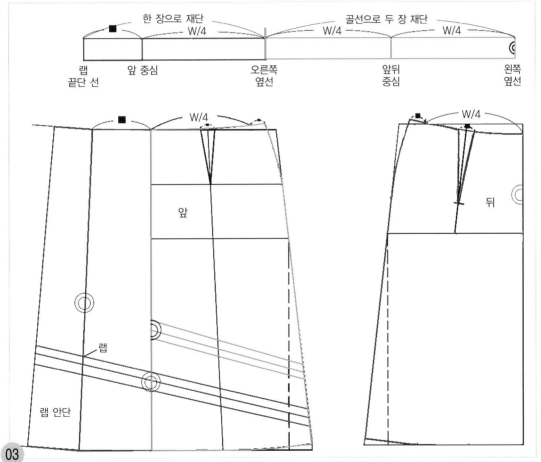

03 재단 시 왼쪽 옆선에서 오른쪽 옆선까지는 골선으로 접고, 오른쪽 옆선에서 랩 끝단 선까지는 한 장이 되게 하여 재단한다.

노벨트 미니스커트 Beltless Miniskirt...

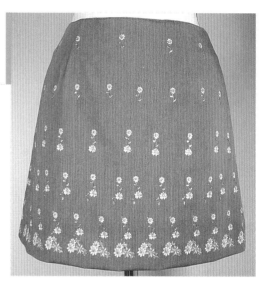

스타일 ●●● 허리 벨트 없이 골반에 걸쳐 입는 미니스커트로 소재의 선택에 따라서 캐주얼한 느낌으로도, 부드러운 느낌으로도 착용할 수 있는, 젊은 층에 어울리는 스타일이다.

소 재 ●●● 캐주얼한 느낌의 소재로는 촘촘하게 짜여진 울이나 면, 화섬, 합성 피혁 등 두꺼운 것이 적합하고, 부드러운 느낌의 소재로는 중간 두께의 무늬가 있는 것이 적합하다.

노벨트 미니 스커트의 제도 순서

제도 치수 구하기 ⤳

계측한 치수를 기입하고 사용할 자의 난에도 제도 치수를 기입해 둔다.

계측 치수		제도 각자 사용 시의 제도 치수	일반 자 사용 시의 제도 치수
허리 둘레(W)	68cm	$W° = 34$	$W / 4 = 17$
엉덩이 둘레(H)	94cm	$H° = 47$	$H / 4 = 23.5$
스커트 길이	53cm (벨트 제외)	53cm	

뒤 스커트 제도하기 ⤳

1. 기초선을 그린다.

뒤 중심선

밑단선

01

직각자를 대고 뒤 중심선을 그린 다음 직각으로 밑단 선을 그린다.

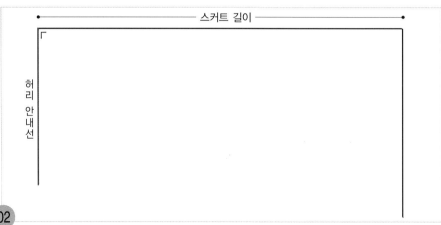

02

밑단 쪽 뒤 중심선 끝에서 뒤 중심선을 따라 스커트 길이를 재어 표시하고 직각으로 허리 안내선을 그린다.

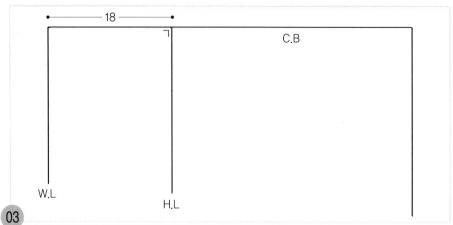

03

허리선 쪽 뒤 중심선 끝에서 뒤 중심선을 따라 밑단 쪽으로 18cm 나가 표시하고, 직각으로 히프선을 그린다.

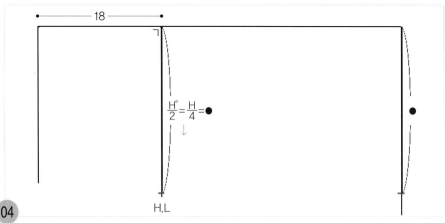

04

뒤 중심선 쪽에서 히프선을 따라 H°/2=H/4 치수를 내려와 히프선 끝점의 표시를 하고, 같은 치수를 재어 밑단 선 쪽에도 표시한다.

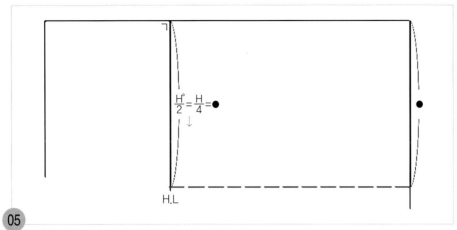

05

H°/2=H/4 치수를 내려와 표시한 두 점을 직선자로 연결하여 점선으로 그린다.

2. 옆선과 밑단 선을 그린다.

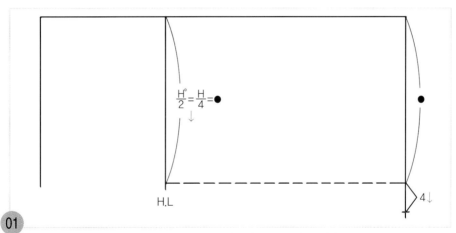

01

점선으로 그린 밑단 선 쪽 끝에서 4cm 밑단 선을 추가하여 표시한다.

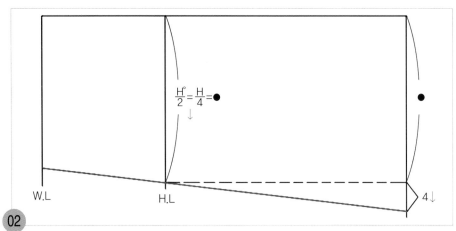

02

밑단 선 쪽에서 4cm 추가하여 표시한 점과 점선으로 그린 히프선 끝점을 직선자로 연결하여 허리선까지 옆선을 그린다.

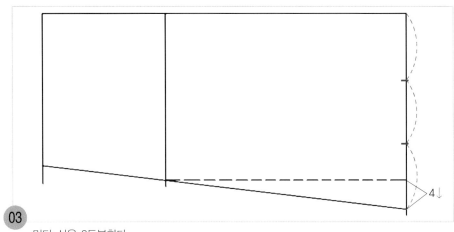

03

밑단 선을 3등분한다.

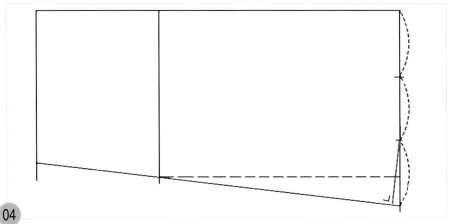

04

밑단 쪽 옆선에 직각자를 밑단 선의 1/3점과 직각으로 연결하여 밑단 선을 그린다.

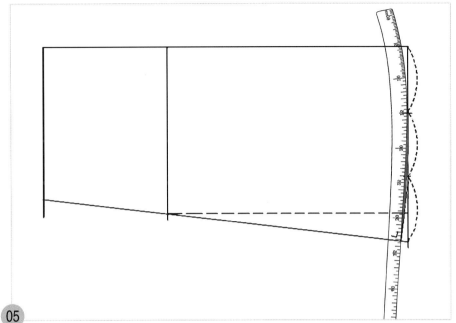

05

뒤 중심 쪽의 밑단 쪽 1/3 지점에 hip곡자 15 위치를 맞추면서 직각으로 그린 옆선과 연결
하여 옆선 쪽 1/3 위치의 각진 곳을 자연스런 곡선으로 밑단 선을 수정한다.

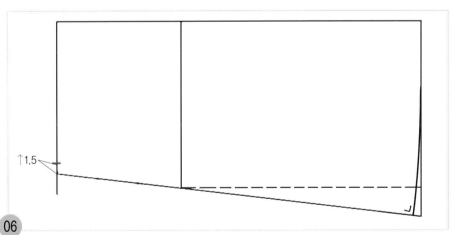

↑1.5

06

옆선 쪽 허리선 끝에서 1.5cm 올라가 옆선의 완성선을 그릴 통과점을 표시한다.

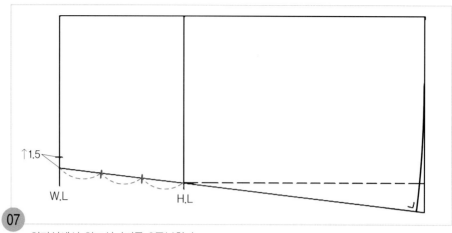

07 허리선에서 히프선까지를 3등분한다.

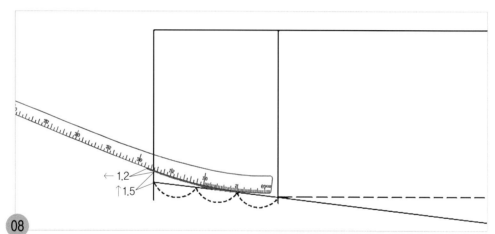

08 허리선에서 히프선까지의 2/3 위치에 hip곡자 5 근처의 위치를 맞추면서 허리선에서 1.5cm 올라
가 표시한 점과 연결하여 히프선 위쪽 옆선의 완성선을 허리선에서 1.2cm 추가하여 그린다.

3. 허리 완성선을 그리고 다트를 그린다.

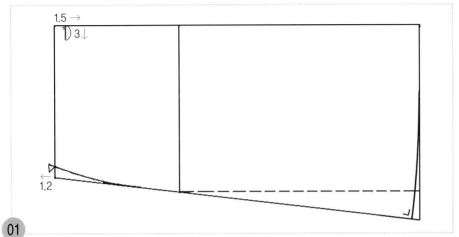

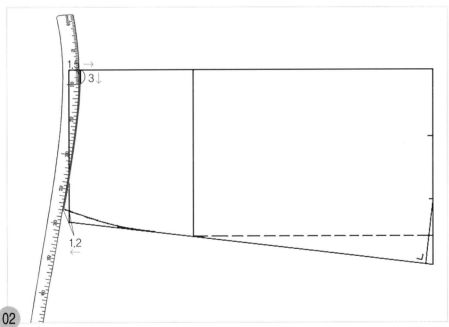

01 뒤 중심 쪽 허리 안내선 끝에서 1.5cm 스커트 밑단 쪽으로 나가 표시하고, 직각으로 3cm 뒤 허리 완성선을 내려 그린다.

02 3cm 내려 그린 끝점에 hip곡자 10 근처의 위치를 맞추면서 1.2cm 추가하여 그린 옆선의 끝점과 연결하여 허리 완성선을 그린다.

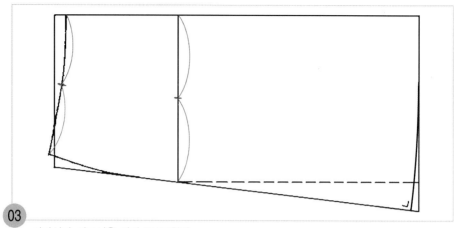

03

허리선과 히프선을 각각 2등분한다.

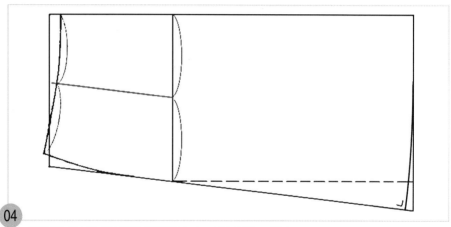

04

2등분한 점끼리 직선자로 연결하여 다트 중심선을 그린다.

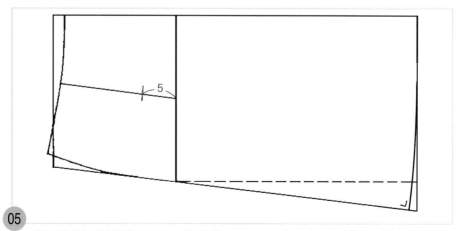

05

히프 선에서 허리선 쪽으로 다트 중심선을 따라 5cm 나가 다트 끝점을 표시한다.

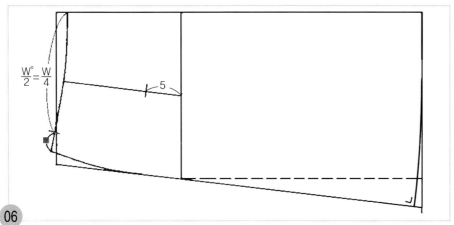

06

뒤 중심선 쪽에서 허리 완성선을 따라 W°/2=W/4 치수를 내려와 표시하고, 남은 허리선의 분량(■)을 다트량으로 표시해 둔다.

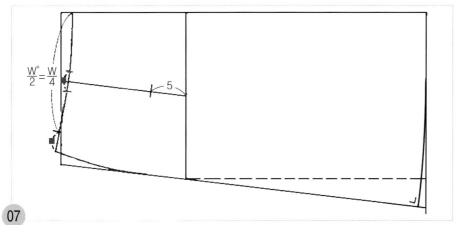

07

허리선의 다트 분량(■)을 다트 중심선에서 다트량의 1/2씩 위아래로 나누어 허리선 쪽 다트 위치를 표시한다.

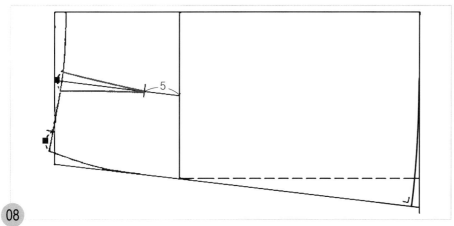

08

다트 끝점과 허리선의 다트 위치를 직선자로 연결하여 다트 완성선을 그린다.

4. 지퍼 트임 끝 표시를 하고 스티치 선을 그린다.

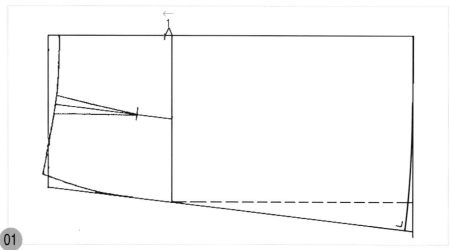

01 뒤 중심 쪽 히프선에서 1cm 허리선 쪽으로 올라가 지퍼 트임 끝 위치를 표시한다.

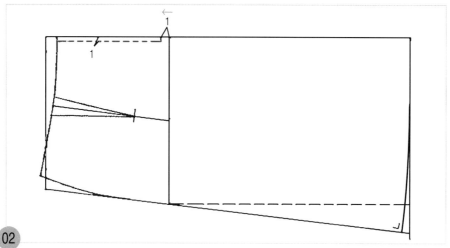

02 허리 완성선에서 히프선까지 뒤 중심선에서 1cm 폭으로 지퍼 다는 곳의 스티치 표시를 한다.

5. 허리선 쪽 안단선을 그린다.

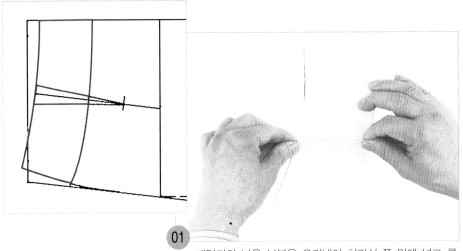

01 패턴지의 남은 부분을 오려내어 허리선 쪽 밑에 넣고 룰렛으로 눌러 허리 완성선에서부터 다트 중간까지를 옮겨 그린 다음 다트를 접고 허리 완성선에서 오려낸다.

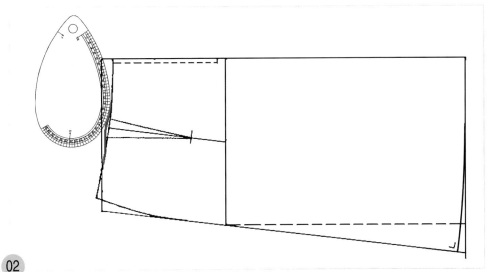

02 01에서 접은 다트를 펴면 다트 중심선 쪽이 올라가게 된다. 올라간 곳을 허리선과 자연스런 곡선으로 허리 완성선을 수정한다.

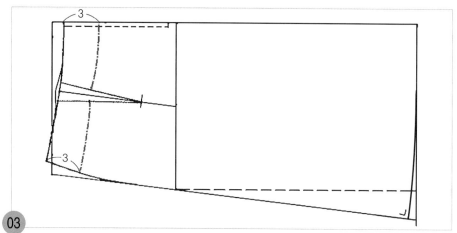

03 수정한 허리 완성선에서 3cm 폭으로 표시하고, 안단선을 그린다.

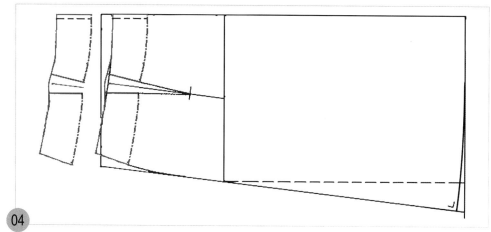

04 새 패턴지를 허리선 밑에 대고 안단을 옮겨 그린 다음 오려내어 허리선 위쪽에 배치한다.

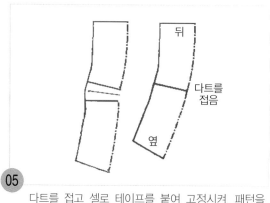

05 다트를 접고 셀로 테이프를 붙여 고정시켜, 패턴을 만들어 둔다.

앞 스커트 제도하기 ···▸

1. 기초선을 그린다.

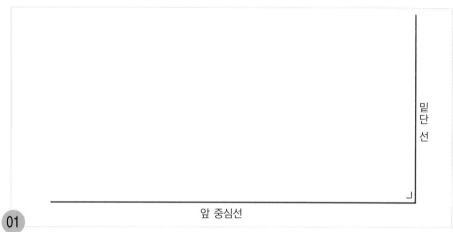

밑단 선

앞 중심선

01 직각자를 대고 앞 중심선을 그린 다음, 직각으로 밑단 선을 그린다.

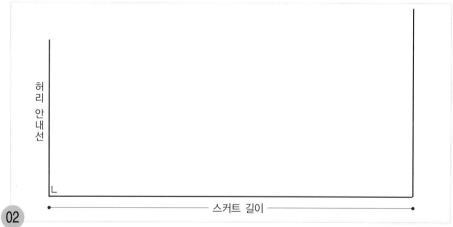

허리 안내선

스커트 길이

02 밑단 선 쪽 앞 중심선 끝에서 앞 중심선을 따라 스커트 길이를 재어 표시하고, 직각으로 허리 안내선을 그린다.

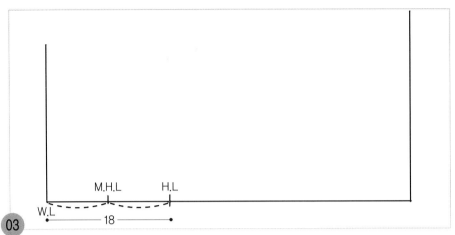

03 허리선에서 18cm 스커트 단 쪽으로 나가 히프선 위치를 표시하고 허리선까지 2등분하여 중 히프선 위치를 표시한다.

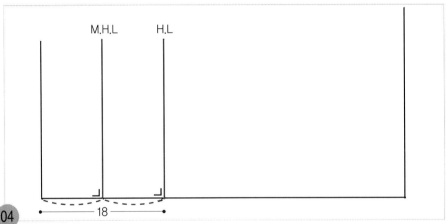

04 히프선과 중 히프선의 표시한 곳에서 직각으로 히프선과 중 히프선을 올려 그린다.

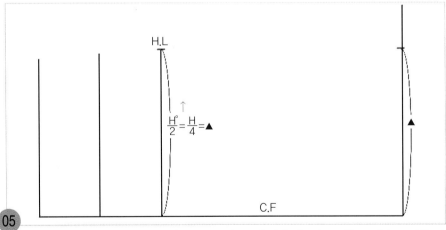

05 앞 중심 쪽에서 히프선을 따라 H°/2=/H/4 치수를 올라가 히프선 끝점을 표시하고, 같은 치수를 밑단 선 쪽에도 표시한다.

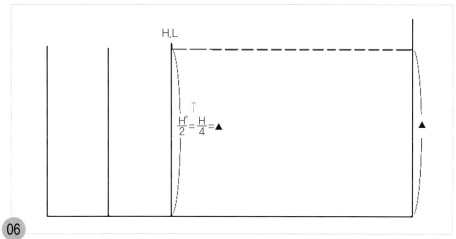

06

H°/2=/H/4 치수를 올라가 표시한 두 점을 직선자로 연결하여 점선으로 그린다.

2. 옆선과 밑단 선을 그린다.

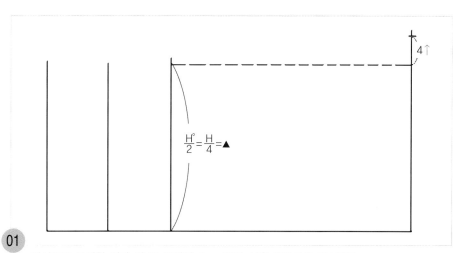

01

점선으로 표시한 밑단 선 쪽 끝에서 4cm 밑단 선을 추가하여 표시한다.

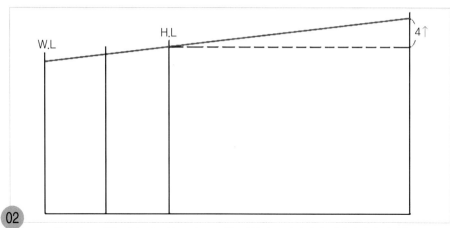

02 4cm 올라가 표시한 점과 히프선 끝점 두 점을 직선자로 연결하여 허리선까지 옆선을 그린다.

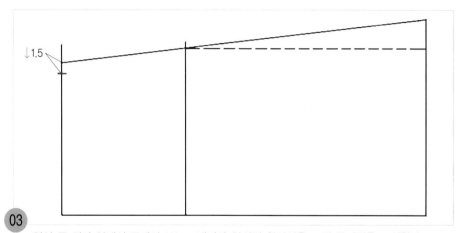

03 옆선 쪽 허리 안내선 끝에서 1.5cm 내려와 옆선의 완성선을 그릴 통과점을 표시한다.

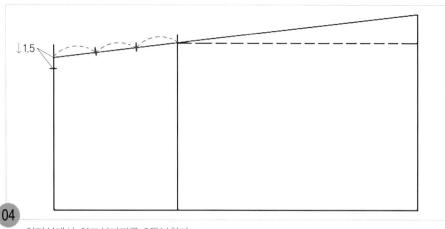

04 허리선에서 히프선까지를 3등분한다.

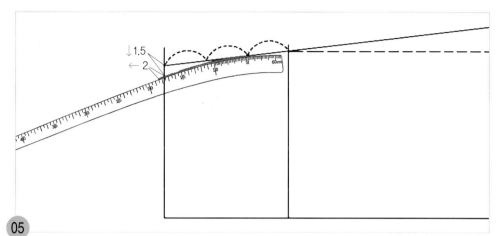

05

허리선에서 히프선까지의 2/3 지점에 hip곡자 5 근처의 위치를 맞추면서 허리선에서 1.5cm 내려
와 표시한 점과 연결하여 히프선 위쪽 옆선의 완성선을 허리선에서 1.2cm 추가하여 그린다.

3. 허리 완성선을 그리고 다트를 그린다.

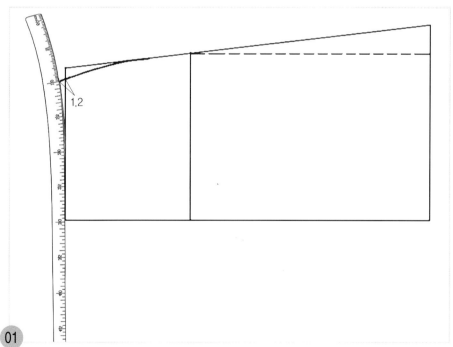

01

1.2cm 추가하여 그린 옆선의 끝점에 hip곡자 10 근처의 위치를 맞추면서 허리 안내선과 맞
닿는 곡선으로 연결하여 허리 완성선을 그린다.

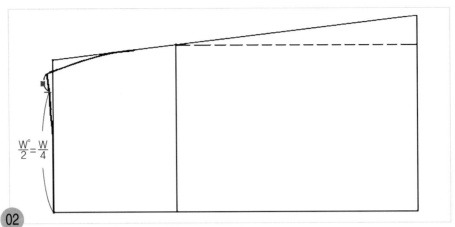

02 앞 중심 쪽 허리선 끝에서 W°/2=W/4 치수를 올라가 표시하고, 남은 허리선의 분량(■)을 다트량으로 표시해 둔다.

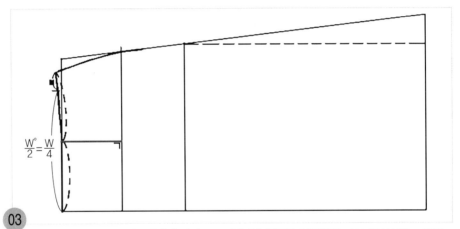

03 허리선을 2등분하고 히프선에서 직각으로 2등분한 위치와 연결하여 다트 중심선을 그린다.

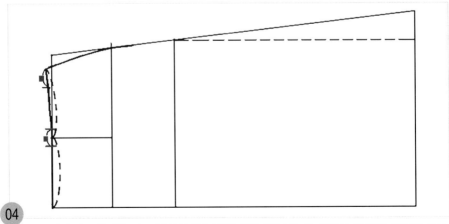

04 허리선의 다트량(■)을 다트 중심선에서 1/2씩 위아래로 나누어 허리선 쪽 다트 위치를 표시한다.

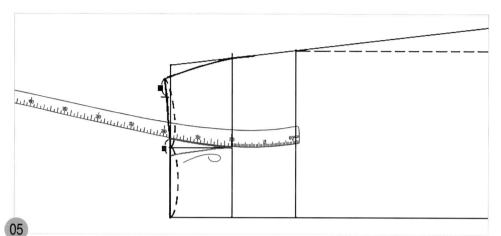

05

hip곡자가 다트 끝점에서 1cm 다트 중심선에 닿으면서 허리선 쪽 다트 위치와 연결되는 곡선을
찾아 맞추고 다트 완성선을 그린다(즉, 다트 끝점에 hip곡자 10 위치를 맞추면서 허리선 쪽 다트
위치와 연결한다).

4. 앞 스커트의 안단선을 그린다.

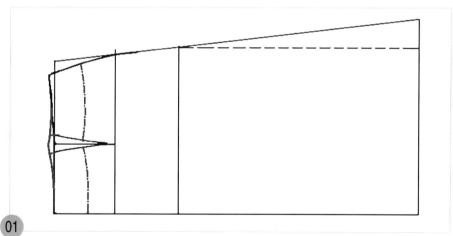

01

뒤판과 같은 방법(p.223의 01, 02와 p.224의 03, 04 참조)으로 다트를 접어 허리선을 수정
하고 수정한 허리선에서 3cm 폭으로 앞 안단선을 그린다.

5. 앞뒤 밑단의 완성선을 수정한다.

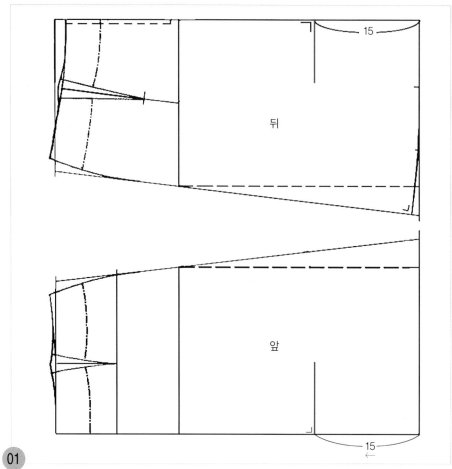

01

뒤 중심선과 앞 중심선의 밑단 선 끝에서 15cm 허리선 쪽으로 올라가 표시하고, 직각으로
1/3 정도 밑단의 완성선을 그린다.

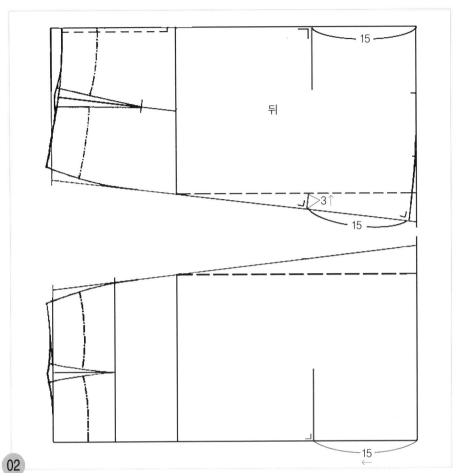

뒤

15

3↑

15

15

뒤 밑단 쪽 옆선 끝에서 15cm 허리선 쪽으로 올라가 표시하고 옆선에 직각으로 3cm 정도
밑단의 완성선을 그린다.

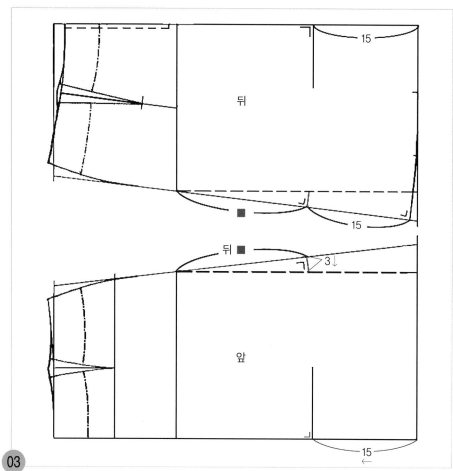

03

뒤판의 히프선에서 옆선 길이를 재어 앞판의 히프선에서 옆선을 따라 내려가 표시하고, 직각으로 3cm 정도 밑단의 완성선을 그린다.

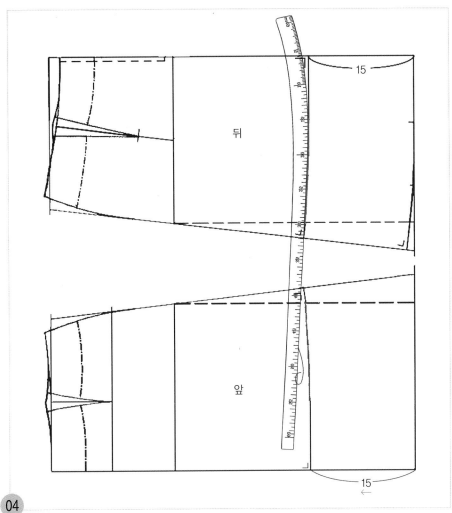

04

뒤 중심선에서 1/3 정도 직각으로 내려 그린 끝점에 hip곡자 15 근처의 위치를 맞추면서
옆선 쪽에서 직각으로 3cm 그린 끝점과 여결하여 밑단 선을 자연스런 곡선으로 그린다. 앞
스커트도 같은 방법으로 밑단 선을 그린다.

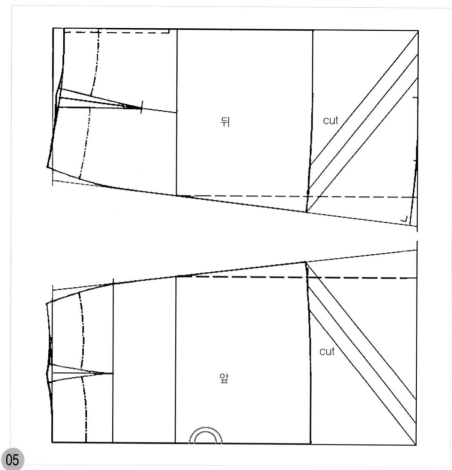

뒤

cut

앞

cut

05

앞 중심선에 골선 표시를 하고 밑단의 완성선 아래쪽에 사선으로 잘라내 버리는 분량을 표
시한다.

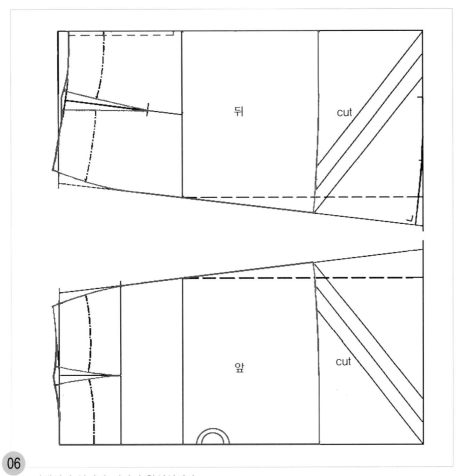

뒤

cut

앞

cut

적색선이 앞판과 뒤판의 완성선이다.

Jung hye min

정 혜 민

- 일본 동경 문화여자대학교 가정학부 복장학과 졸업
- 일본 동경 문화여자대학 대학원 가정학연구과(피복학 석사)
- 일본 동경 문화여자대학 대학원 가정학연구과(피복환경학 박사)
- 경북대학교 사범대학 가정교육과 강사
- 성균관대학교 일반대학원 의상학과 강사
- 동양대학교 패션디자인학과 학과장 역임
- 동양대학교 패션디자인학과 조교수
- 현, 경북대학교 사범대학 가정교육과 강사
  이제창작디자인연구소 소장

- 저서 : 「패션디자인과 색채」
  　　　「텍스타일의 기초 지식」
  　　　「봉제기법의 기초 」
  　　　「어린이 옷 만들기」
  　　　「팬츠 만들기」
  　　　「스커트 만들기」
  　　　「팬츠 제도법」

Lim byung yeul

임 병 렬

- 서울 교남양장점 패션실장 역임(1961)
- 하이패션 클럽 설립(1963)
- 관인 세기복장학원 설립,
  원장역임(1971~1982)
- 사단법인 한국학원 총연합회 서울복장교육협회 부회장 역임(1974)
- 노동부 양장직종 심사위원 국가기술검정위원(1971~1978)
- 국제기능올림픽 한국위원회 전국경기대회 양장직종 심사장(1982)
- 국제장애인기능올림픽대회 양장직종 국제심사위원(제4회 호주대회)
- 국제장애인기능올림픽대회 한국선수 인솔단(제1회, 제3회)
- (주)쉬크리 패션 생산 상무이사(1989~현재)
- 사단법인 한국의류기술진흥협회 부회장 역임, 현 고문

- 상훈 : 제2회 국제기능올림픽대회 선수지도 공로 부문 보건사회부장관상(1985), 석탑산업훈장(1995), 제5회 국제장애인기능올림픽대회 종합우승 선수지도 부문 노동부장관상(2000)

- 저서 : 「팬츠 만들기」
  　　　「스커트 만들기」
  　　　「팬츠 제도법」

프로에게 자 사용법으로 쉽게 배우는
스커트 제도법

정혜민 임병렬 공저

2016년 8월 25일 2판 1쇄 발행

발행처 ＊ 전원문화사

발행인 ＊ 남병덕

등록 ＊ 1999년 11월 16일

　　　제1999-053호

서울시 강서구 화곡로 43가길 30. 2층

　　　T.02)6735-2100 F.6735-2103

E-mail ＊ jwonbook@naver.com

ⓒ 2003, 정혜민 임병렬

＊ 특허출원 10-2003-51985 ＊